汉竹编著●亲亲乐读系列

协和孕产
黄金食谱

李宁 / 主编

江苏凤凰科学技术出版社
·南京·

　　孕育是一场诗意的修行，育的是宝宝，修的是每一位伟大的孕妈。也许真的是不容易，不过，它又确实是美好的。等待着肚子里那颗芝麻粒大的种子一点一点长成一个小人儿，那种心情真是难以言喻的神奇和美妙！

　　可是你知道，想要收获一个健康、聪明、漂亮的小人儿需要怎样悉心的呵护吗？这期间，怎么吃、吃什么、哪些营养能够帮助宝宝智力发育？哪些食物能让孕妈妈长胎不长肉？

　　本书作者李宁从协和营养专家的角度，告诉你每个月重点补什么，不只有菜谱，本月胎宝宝需要的营养素、如何长胎不长肉、本月饮食原则……你关心的内容统统都有。跟着孕期时间线，从备孕到坐月子，全方位了解生活饮食，月子里不仅有妈妈食谱，更有母乳喂养指南，让宝宝同样吃得好。一人吃，两人补，孕育聪明宝宝就这么简单。

　　分娩当天到产后6周，妈妈和宝宝有哪些新变化？顺产与剖宫产妈妈如何护理？哺乳与非哺乳妈妈饮食有啥区别？协和营养专家给你权威建议：左侧卧睡姿有助于孕妈妈入眠，西红柿对抗妊娠纹"火力"最强，腿抽筋抓抓大脚趾见效快……孕产期出现了不适症状别担心，照着书上的小妙招和贴心提示做，每一位孕妈妈都能够轻松应对。

　　当你怀着喜悦的心情翻开这本书，一颗幼小的种子正汲取着丰富的营养，努力发芽，期待着10个月后与你的第一次美丽邂逅。

孕妈妈营养情况自测表

最科学的进补原则就是缺什么补什么。但是怎样才能知道自己是不是缺营养或者到底缺什么呢？孕妈妈可以根据自己的体重、胎宝宝的大小以及自身的一些症状进行判断。

孕期体重合理增长表

体重增加的"速度"	
前3个月	共增加0~2千克
4~6个月	每周增加0.35千克，共约为4.2千克
7~10个月	每周增加0.5千克，共约为8千克
体重增加的"重量"	
怀孕前体重正常者	11.5~16千克
怀孕前体重稍低者	12~18千克
怀孕前体重较重者	7~12千克
平均增加体重	11~12.5千克

注：体重指数＝体重（千克）/［身高（米）］^{2}。体重指数<18.5为体重过轻，体重指数在18.5~23.9之间为正常体重，体重指数在24~28之间为超重，体重指数>28为肥胖。前3个月体重可以不增加，若增加，建议不超过2千克。到了孕中后期，若体重增加过多，要小心可能患有糖尿病或妊娠高血压。若体重增加过少，又会因营养不足而影响胎宝宝的正常发育。

宫高和腹围的标准

	妊娠周数	下限（厘米）	上限（厘米）	平均（厘米）
宫高	满20周	15.3	21.4	18
	满24周	22	25.1	24
	满28周	22.4	29	26
	满32周	25.3	32	29
	满36周	29.8	34.5	32
	满40周	30	34.5	33
腹围	满20周	76	89	82
	满24周	80	91	85
	满28周	82	94	87
	满32周	84	95	89
	满36周	86	98	92
	满40周	89	100	94

注：如果连续2周宫高没有出现变化，孕妈妈要及时去医院进行相关检查。宫高和腹围低于正常范围，胎宝宝可能发育迟缓，此时孕妈妈应适当加强营养。宫高和腹围高于正常范围，孕妈妈要注意控制营养摄入，增加运动。如果产前1周内测量宫高＋腹围≥140厘米，产下巨大儿的可能性会更大。

根据症状分析孕妈妈的营养情况

　　下面提到的一些症状，如果孕妈妈经常遇到，每1种可以得到1分。很多症状出现的频率都可能超过1次，因为这些症状是由多种营养素的缺乏引起的。如果孕妈妈出现了加粗标明的任何一种症状，则得2分。各种营养素对应的最高分值为10分，将孕妈妈所得到的分值记录在下面的括号内。

维生素 A	维生素 D	维生素 E	维生素 C	维生素 B_1	维生素 B_2
口腔溃疡 夜视能力欠佳 痤疮 **频繁感冒或感染** 皮肤薄、干燥 有头皮屑 鹅口疮或膀胱炎 腹泻	**关节炎和骨质疏松** 背部疼痛 龋齿 脱发 **肌肉抽搐、痉挛** **关节疼痛或僵硬** 骨质脆弱	性欲低下 **轻微锻炼便筋疲力尽** **容易发生皮下出血** 静脉曲张 皮肤缺乏弹性 肌肉缺乏韧性 伤口愈合缓慢 不易受孕	**经常感冒** 缺乏精力 **经常被感染** 牙龈出血或过敏 容易发生皮下出血 流鼻血 伤口愈合缓慢 皮肤出现红疹	脚气病 肌肉松弛 眼睛疼痛 易怒 注意力不集中 手、脚部刺痛 记忆力差 胃痛 便秘 心跳快速	**眼睛充血、灼痛或沙眼** **对亮光敏感** 舌头疼痛 白内障 头发过干或过油 湿疹或皮炎 指甲开裂 嘴唇干裂
得分（　　）	得分（　　）	得分（　　）	得分（　　）	得分（　　）	得分（　　）

维生素 B_{12}	叶酸	α-亚麻酸	钙	铁	锌
头发状况不良 湿疹或皮炎 口腔对热或冷过度敏感 易怒 焦虑或紧张 **缺乏精力** 便秘 肌肉松弛或疼痛 肤色苍白	湿疹 嘴唇干裂 少白头 焦虑或紧张 记忆力差 **缺乏精力** 抑郁 食欲不振 胃痛	**皮肤干燥或有湿疹** 头发干燥或有头皮屑 有炎症，如关节炎 过度口渴或出汗 水分潴留 经常感染 记忆力差 高血压或高脂血 经前综合征或乳房疼痛	抽筋或痉挛 **失眠或神经过敏** **关节疼痛或关节炎** 龋齿 高血压	肤色苍白 舌头疼痛 疲劳或情绪低落 食欲不振或恶心 经血过多或失血	味觉或嗅觉减退 两个以上的手指甲有白斑 经常发生感染 有伸张纹 **痤疮或油性皮肤**
得分（　　）	得分（　　）	得分（　　）	得分（　　）	得分（　　）	得分（　　）

　　孕妈妈在现有得分的基础上再根据具体的营养素情况加上一定分值，才是最终得分：

　　维生素D+1　　维生素B_{12}+2　　叶酸+2　　α-亚麻酸+2　　钙+2　　锌+2

　　根据这个原则计算每一种营养素的总分值。营养素所得的分值越高，说明孕妈妈对这种营养素的需求越大，就应该增加这种营养素的补充量。

胎宝宝器官发育与所需营养速查表

胎宝宝周数	器官	所需营养素	食物来源
2~3周	血液循环开始，甲状腺组织、肾脏、眼睛、耳朵形成	丰富的叶酸	樱桃、桃、李子、杏等新鲜水果
4周	四肢开始发育，脑部、脊髓、口腔、消化道开始形成	钙、铁、铜、维生素A	奶、鱼、蛋、红绿色蔬菜、内脏、鱼肝油等
5周	神经系统和循环系统开始分化	均衡营养	均衡饮食
6周	骨架形成，肌肉发育，口、鼻腔发育，气管、支气管出现，脾脏制造红细胞	镁、钙、磷、维生素D、维生素A、铜、铁	肝、蛋、奶、乳酪、鱼、鱼肝油、黄绿色蔬菜
7周	面部器官开始发育，内部器官的形成接近尾声	蛋白质、钙、铁、铜、维生素A、维生素C	鱼、蛋、红绿色蔬菜、内脏、鱼肝油
9周	上肢和下肢的末端出现了手和脚	镁、钙、磷、铜、维生素A、维生素D	蛋、奶、乳酪、鱼、黄绿色蔬菜、鱼肝油
10周	膀胱形成，手指甲、脚趾甲形成	维生素A、蛋白质、钙	肝、蛋、奶、乳酪、鱼、黄绿色蔬菜、红绿色蔬菜
12周	脑细胞增殖，肌肉中的神经开始分布	脂肪、蛋白质、钙、维生素D	奶、鱼、蛋、干果
15周	骨骼正在迅速发育，可以做许多动作和表情，有利于大脑发育	钙、磷、维生素D、维生素B_1和维生素B_2、维生素A	胚芽米、麦芽、酵母、奶、内脏、蛋黄、胡萝卜、豆类制品

胎宝宝周数	器官	所需营养素	食物来源
16周	皮肤很薄，已有呼吸运动	钙、氟、蛋白质、硫	蛋、奶、海产品、豆类、淡水鱼、红绿色蔬菜、动物骨骼
18周	循环系统、泌尿系统开始工作，肺部发育，听力形成	蛋白质、钙、铁、维生素A	奶、蛋、肉、鱼、豆类、黄绿色蔬菜
20周	视网膜开始形成，对强光有反应，大脑功能分区	蛋白质、亚油酸、钙、磷、维生素A	肝、蛋、奶、乳酪、鱼、黄绿色蔬菜、红绿色蔬菜、干果
23周	视网膜形成，乳牙的牙胚开始发育	维生素A、钙、磷、维生素D	肝、蛋、奶、乳酪、黄绿色蔬菜
24周	眼睛发育完成	蛋白质、维生素A	肝、蛋、奶、乳酪、黄绿色蔬菜
26周	听力发展，呼吸系统正在发育	蛋白质、钙、维生素D	蛋、奶、海产品、豆类、鱼、红绿色蔬菜、骨汤
28周	外生殖器官发育，听觉神经系统发育完全，脑组织快速增殖	蛋白质、维生素A、B族维生素	肝、蛋、奶、乳酪、黄绿色蔬菜、鱼
32周	肺和消化系统发育完成，身长增长趋缓，体重迅速增加	蛋白质、脂肪、碳水化合物、B族维生素	蛋、肉、鱼、奶、绿叶蔬菜、糙米
36周	组织器官发育接近成熟，长出一头胎发	蛋白质、脂肪、碳水化合物	蛋、肉、鱼、奶、土豆、玉米
40周	足底皮肤纹理清晰	铁	肝、蛋黄、奶、绿叶蔬菜、豆类

目录

第一章
孕产期必需的 20 种关键营养素

叶酸——预防畸形和缺陷儿 32

铁——补血壮宝宝 34

钙——促进胎宝宝骨骼发育 36

DHA——不可缺少的"脑黄金" 38

卵磷脂——记忆力的好帮手 39

α-亚麻酸——提高胎宝宝的智力 40

维生素 B_{12}——具有造血功能的维生素 41

维生素 C——使胎宝宝皮肤细腻 42

维生素 A——视力和皮肤的保护神 44

维生素 E——生育必备帮手 46

维生素 B_1——神经功能的重要助手 48

维生素 B_2——避免胎宝宝生长发育迟缓 50

锌——预防胎宝宝畸形 52

维生素 D——胎宝宝骨骼生长的促进剂 54

碳水化合物——胎宝宝的"热量站" 56

蛋白质——生命细胞的首要物质 58

脂肪——维持正常新陈代谢 60

膳食纤维——肠胃"清道夫" 62

碘——胎宝宝的智力营养素 64

镁——决定胎宝宝的身高体重 66

孕期保健品该不该吃 67

第二章
孕前营养必不可少

孕妈妈孕前3个月开始营养计划...70

别忘了提前 3 个月服用叶酸.................70

素食女性的"二二一比例进餐法".........70

微量元素帮助实现最佳受孕环境...........71

要备孕，豆浆只是辅助.....................71

酸奶很普通，备孕时饮用益处多...........71

不能忽略的早餐.............................72

午餐是"重头戏".............................72

晚餐"七八分饱".............................72

身体和心理准备 73

先买本怀孕书了解一下.....................73

停吃避孕药，改用"鸟笼".................73

调整体重，让身体做好受孕准备...........73

每次来月经时，在台历上勾一下...........74

越轻松，宝宝来得越快.....................74

选用孕妇专用护肤品.......................74

不轻易给自己贴不孕标签.................75

备孕期用药禁忌.............................75

不同体质女性孕前调养.....................75

孕前排毒方案 76

孕前没注意营养，孕后怎么补.............77

备育男性孕前营养须知 78

备育男性也要补充叶酸.....................78

补锌，保证精子活力.......................78

蛋白质是生成精子的重要营养成分........78

准爸爸饮食指导.............................79

房事前不宜吃得太油腻.....................79

重点补充三种维生素.......................80

这些食物影响生育能力.....................80

身体和心理准备 81

有节制地进行性生活.......................81

提前 6 个月戒烟戒酒 81

可乐也戒了吧...............................81

备育男性也要控制体重.....................82

避免睾丸过热...............................82

减少出差和加班次数.......................82

体检时别做胸透.............................82

主动关心照顾孕妈妈.......................83

相信自己完全可以成为一个好爸爸........83

第三章
孕10月同步营养方案

孕1月.............................86

妈妈宝宝变化.........................86
　　孕妈妈：还未察觉.................86
　　胎宝宝：还是个小胚芽.............86
妈妈宝宝营养情况速查.................86
本月重点营养素.......................87
　　叶酸.............................87
　　蛋白质...........................87
　　矿物质...........................87
本月营养饮食原则.....................87
　　选自己喜欢吃的...................87
　　营养均衡提高抵抗力...............87
孕妈妈一周科学食谱推荐...............88
孕1月饮食禁忌.......................89
　　叶酸不是越多越好.................89
　　动物肝脏不宜过量食用.............89
　　不宜贪吃冷饮.....................89
保健重点............................89
　　有时怀孕症状类似感冒.............89
　　验孕的3种方法....................89
　　如何决定宠物的去留...............89

营养菜品............................90
　　什锦西蓝花.......................90
　　香菇油菜.........................90
　　家常焖鳜鱼.......................90
花样主食............................91
　　牛肉饼...........................91
　　豆腐馅饼.........................91
　　红枣鸡丝糯米饭...................91
美味汤粥............................92
　　乌鸡滋补汤.......................92
　　莲子芋头粥.......................92
　　燕麦南瓜粥.......................92
健康饮品............................93
　　橙汁酸奶.........................93
　　芒果柳橙苹果汁...................93
　　猕猴桃香蕉汁.....................93

孕 2 月 94

妈妈宝宝变化 94
孕妈妈：出现妊娠反应 94
胎宝宝：忙碌地发育 94

妈妈宝宝营养情况速查 94

本月重点营养素 95
碳水化合物和脂肪 95
碘 95
锌 95

本月营养饮食原则 95
克服孕吐，能吃就吃 95
不宜挑食偏食 95

孕妈妈一周科学食谱推荐 96

孕 2 月饮食禁忌 97
不宜过量吃菠菜 97
不要强迫自己进食 97

保健重点 97
止吐的运动疗法 97
挑选内裤要格外用心 97
保持情绪稳定和心态平和 97

营养菜品 98
虾酱蒸鸡翅 98
菜心炒牛肉 98
丝瓜虾仁 98

花样主食 99
南瓜牛腩饭 99
奶酪手卷 99
咸蛋黄炒饭 99

美味汤粥 100
牛奶核桃粥 100
苹果葡萄干粥 100
平菇小米粥 100

健康饮品 101
酸奶拌水果 101
五谷豆浆 101
鲜奶炖木瓜雪梨 101

孕 3 月 102

妈妈宝宝变化 102
　孕妈妈：妊娠反应更激烈 102
　胎宝宝：能够区分性别了 102

妈妈宝宝营养情况速查 102

本月重点营养素 103
　膳食纤维 103
　维生素 E 103
　镁 103

本月营养饮食原则 103
　饮食宜清淡 103
　多吃含必需脂肪酸的食物 103

孕妈妈一周科学食谱推荐 104

孕 3 月饮食禁忌 105
　不宜喝长时间煮的骨头汤 105
　每天吃柑橘不超过 3 个 105
　少吃或不吃腌制食品 105

保健重点 105
　喝孕妇奶粉有讲究 105
　警惕孕期抑郁症 105

营养菜品 106
　葱爆酸甜牛肉 106
　虾皮豆腐 106
　红烧鲤鱼 106
　土豆烧牛肉 107
　蒜蓉茄子 107
　鸭块白菜 107

花样主食 108
　牛奶馒头 108
　阳春面 108
　什锦果汁饭 108

美味汤粥 109
　香菇鸡汤 109
　黑米粥 109
　玉米鸡丝粥 109

孕4月 110

妈妈宝宝变化 110
孕妈妈：胃口好多了 110
胎宝宝：大脑迅速发育 110

妈妈宝宝营养情况速查 110

本月重点营养素 111
钙 111
DHA 111
维生素D 111

本月营养饮食原则 111
不要一次吃得过饱 111
注意饮食卫生 111

孕妈妈一周科学食谱推荐 112

孕4月饮食禁忌 113
不宜吃生鱼片 113
不宜吃大补食品 113
应少吃或不吃方便食品 113

保健重点 113
注意口腔问题 113
缓解眼睛干涩 113
文胸不要钢圈要棉质 113

营养菜品 114
干烧黄花鱼 114
鸡蓉干贝 114
海蜇拌双椒 114

花样主食 115
香菇鸡汤面 115
牛肉焗饭 115
海鲜炒饭 115

美味汤粥 116
百合粥 116
阿胶粥 116
香蕉银耳汤 116

健康饮品 117
西米火龙果 117
草莓汁 117
猕猴桃酸奶 117

孕 5 月.............................. 118

妈妈宝宝变化 118
孕妈妈：感受到胎动啦 118
胎宝宝：能听到声音了 118

妈妈宝宝营养情况速查.......................118

本月重点营养素 119
铁.....................................119
钙.....................................119
维生素 A.................................119

本月营养饮食原则 119
预防营养过剩.............................119

孕妈妈一周科学食谱推荐 120

孕 5 月饮食禁忌 121
不宜多吃盐..............................121
忌吃生蚝...............................121
忌多吃火腿..............................121

保健重点.............................. 121
避免接触铅.............................121
忌喝浓茶和保温杯沏的茶..................121
因缺钙而腿抽筋如何应对..................121

营养菜品.............................. 122
香菇豆腐塔.............................122
椒盐排骨...............................122
拔丝香蕉...............................122

花样主食.............................. 123
松仁鸡肉卷.............................123
黑豆饭.................................123
糯米香菇饭.............................123

美味汤粥.............................. 124
牛奶红枣粥.............................124
小米红枣粥.............................124
豌豆粥.................................124

健康饮品.............................. 125
酸奶草莓布丁...........................125
牛奶水果饮.............................125
芒果西米露.............................125

孕 6 月 126

妈妈宝宝变化 126
　孕妈妈：更性感了 126
　胎宝宝："游来游去" 126

妈妈宝宝营养情况速查 126

本月重点营养素 127
　脂肪 127
　蛋白质 127
　碳水化合物 127

本月营养饮食原则 127
　宜吃应季食物 127
　吃饭要细嚼慢咽 127

孕妈妈一周科学食谱推荐 128

孕 6 月饮食禁忌 129
　忌多吃热性调料 129
　忌加热酸奶 129
　不宜吃饭太快 129

保健重点 129
　产检时顺便看乳腺 129
　晒太阳时要注意防晒 129
　耻骨疼生完宝宝就好了 129

营养菜品 130
　孜然鱿鱼 130
　猪肝拌黄瓜 130
　清炒油菜 130
　咖喱牛肉土豆丝 131
　彩椒炒腐竹 131
　莲藕炖牛腩 131

花样主食 132
　土豆饼 132
　菠萝虾仁炒饭 132
　荠菜黄鱼卷 132

美味汤粥 133
　排骨玉米汤 133
　椰味红薯粥 133
　紫薯银耳松子粥 133

孕7月 134

妈妈宝宝变化 134
孕妈妈：睡眠变差了 134
胎宝宝：像个小老头 134

妈妈宝宝营养情况速查 134

本月重点营养素 135
DHA 135
卵磷脂 135
B族维生素 135

本月营养饮食原则 135
少食多餐 135
不要太贪嘴 135

孕妈妈一周科学食谱推荐 136

孕7月饮食禁忌 137
忌过量吃海鱼 137
忌过量摄入高蛋白食物 137
注意食物中的钠含量 137

保健重点 137
多晒太阳 137
如何应对水肿 137
轻柔护理乳房 137

营养菜品 138
青菜冬瓜鲫鱼汤 138
双鲜拌金针菇 138
芝麻酱拌苦菊 138
京酱西葫芦 139
蜜汁南瓜 139
香肥带鱼 139

花样主食 140
西红柿面疙瘩 140
红烧牛肉面 140
西红柿菠菜面 140

美味汤粥 141
花生紫米粥 141
核桃仁枸杞紫米粥 141
莴笋猪肉粥 141

铁 钙 磷

孕8月 142

妈妈宝宝变化 142
    孕妈妈：行动越来越吃力 142
    胎宝宝：就要倒过来了 142

妈妈宝宝营养情况速查 142

本月重点营养素 143
    α-亚麻酸 143
    碳水化合物 143
    铁 143

本月营养饮食原则 143
    主食量要合理 143
    时刻警惕营养过剩 143

孕妈妈一周科学食谱推荐 144

孕8月饮食禁忌 145
    忌多吃冷凉食物 145
    忌饭后立即吃水果 145
    忌多吃月饼和蜜饯 145

保健重点 145
    孕妈妈不要攀高 145
    不宜留长指甲 145
    避免过早入院 145

营养菜品 146
    南瓜蒸肉 146
    西红柿焖牛肉 146
    丝瓜金针菇 146

花样主食 147
    荞麦凉面 147
    豆角焖米饭 147
    玫瑰汤圆 147

美味汤粥 148
    橘瓣银耳羹 148
    蛤蜊白菜汤 148
    木耳粥 148

健康饮品 149
    牛奶香蕉木瓜汁 149
    西米猕猴桃羹 149
    橙子胡萝卜汁 149

孕9月............................150

妈妈宝宝变化 150
孕妈妈：最困难的时刻开始了 150
胎宝宝：更像个小婴儿 150

妈妈宝宝营养情况速查.....................150

本月重点营养素 151
钙 151
锌 151
铁 151

本月营养饮食原则 151
继续坚持少食多餐 151
营养均衡防高危妊娠 151

孕妈妈一周科学食谱推荐 152

孕9月饮食禁忌..........................153
忌过量吃李子 153
忌常吃腐竹 153
忌空腹喝酸奶 153

保健重点...........................153
宜做产道肌肉收缩运动 153
不宜轻视孕晚期尿频 153
警惕胎膜早破 153

营养菜品...........................154
洋葱小牛排 154
西红柿烧茄子 154
香豉牛肉片 154
琵琶豆腐 155
西红柿鸡片 155
油烹茄条 155

花样主食...........................156
虾仁蛋炒饭 156
雪菜肉丝面 156
鸡蛋家常饼 156

美味汤粥...........................157
紫菜芋头粥 157
什锦甜粥 157
口蘑鹌鹑蛋汤 157

孕 10 月 158

妈妈宝宝变化 158
孕妈妈：进入分娩状态 158
胎宝宝：成熟了 158

妈妈宝宝营养情况速查 158

本月重点营养素 159
维生素 B_{12} 159
铁 159
锌 159

本月营养饮食原则 159
保证优质能量的摄入 159
饮食应清淡、易消化 159

孕妈妈一周科学食谱推荐 160

孕 10 月饮食禁忌 161
忌吃过夜的银耳汤 161
忌在药物催生前吃东西 161
忌在剖宫产前吃东西 161

保健重点 161
了解真假临产 161
临产前不要疲倦劳累 161
安排好月子照顾母婴事宜 161

营养菜品 162
爆炒鸡肉 162
芹菜虾仁 162
芝麻葵花子酥球 162
鲶鱼炖茄子 163
腰果彩椒三文鱼粒 163
宫保素丁 163

花样主食 164
三鲜汤面 164
菠菜鸡蛋饼 164
红薯饼 164

美味汤粥 165
苋菜粥 165
鲜虾粥 165
肉菜粥 165

第四章
坐月子营养饮食指导

分娩当天 168

顺产 168
产程间隙巧补能量 168
先吃些汤和粥 168
顺产后第 1 餐 168

剖宫产 169
术后 6 小时内禁食 169
宜吃促排气的食物 169
排气之后以流食为主 169
剖宫产后第 1 餐 169

产后第 1 周 170

宝宝变化 170
出现暂时性体重下降 170

妈妈变化 170
恶露类似"月经" 170
子宫功成身退 170
乳房开始泌乳 170
胃肠功能正在恢复 170
骨盆逐渐恢复肌肉张力 170

顺产妈妈饮食宜忌 171
宜吃开胃的食物 171
宜补充足够的水分 171
宜喝生化汤排毒 171

剖宫产妈妈饮食宜忌 171
不宜急着食用催奶补品 171
忌辛辣、寒凉等刺激性食物 171
产后不宜立即大补 171

顺产妈妈的营养菜谱 172
生化汤 172
薏米红枣百合粥 172
香菇红糖玉米粥 172
挂面汤卧蛋 173
芝麻圆白菜 173
什菌一品煲 173

剖宫产妈妈的营养菜谱 174
当归鲫鱼汤 174
鲢鱼丝瓜汤 174
枣莲三宝粥 174
炝胡萝卜丝 175
芹菜虾米 175
当归羊肉煲 175

产后第2周 176

宝宝变化 176
黄疸逐渐消退 176

妈妈变化 176
子宫颈内口会慢慢关闭 176
伤口隐隐作痛 176
胃肠还不适应油腻汤水 176
恶露明显减少 176
精神比较劳累 176

产后第2周新妈妈饮食宜忌 177
宜补血增强体质 177
宜多吃谷物和豆类 177
宜在菜中适当放些调料 177
食用鱼、虾、蛋等优质蛋白 177
忌过多食用补品、药膳 177

非哺乳妈妈的特别护理 178
产后饮食先开胃 178
切莫回乳过急 178
回乳食品要多样化 178
要适当进补 178
减少水分的摄入 178
可以吃些抗抑郁食物 179
配方奶粉是人工喂养的最好选择 179
多多关爱宝宝 179
不宜喂母乳的宝宝 179
不宜勉强哺乳 179

哺乳妈妈的营养菜谱 180
牛奶银耳小米粥 180
双红乌鸡汤 180
西红柿面片汤 180
归枣牛筋花生汤 181
花生红豆汤 181
豌豆小米粥 181

非哺乳妈妈的营养菜谱 182
南瓜小米粥 182
板栗烧仔鸡 182
蜂蜜香油饮 182
小米黄鳝粥 183
麦芽山楂蛋羹 183
莲子薏米煲鸭汤 183

产后第3周 184

宝宝变化 184
该补充维生素 D 了 184

妈妈变化 184
乳汁增多 184
食欲增强 184
子宫回复到骨盆内 184
伤口明显好转 184
恶露不再含有血液 184

产后第3周新妈妈饮食宜忌 185
宜适量补充催乳食物 185
忌只喝汤不吃肉 185
忌随意用中药催乳 185
回乳食谱宜多样化 185

哺乳妈妈的营养菜谱 186
花生猪蹄小米粥 186
枸杞子红枣蒸鲫鱼 186
鳝丝打卤面 186
通草鲫鱼汤 187
猪蹄玉米粥 187
豌豆排骨粥 187

非哺乳妈妈的营养菜谱 188
胡萝卜芹菜粥 188
什锦面 188
胡萝卜菠菜鸡蛋饭 188
羊肝炒荠菜 189
白斩鸡 189
如意蛋卷 189

产后第4周 190

宝宝变化 190
体重增加了 190

妈妈变化 190
身体逐渐恢复到产前状态 190
子宫大体复原 190
做好享受三人世界的心理准备 190
恶露基本排干净 190
预防乳腺炎 190

产后第4周新妈妈饮食宜忌 191
宜减少油脂的摄取 191
增加蔬菜的食用量 191
忌吃刺激性食物 191
适当吃点粗粮 191
宜食用低脂、低热量的滋补食物 191

哺乳妈妈的营养菜谱 192
肉末蒸蛋 192
麻油鸡 192
干贝灌汤饺 192
清炖鸽子汤 193
杜仲猪腰汤 193
阿胶粥 193

非哺乳妈妈的营养菜谱 194
白萝卜炖蛏子 194
红糖薏米饮 194
板栗黄鳝煲 194
山药奶肉羹 195
桂花紫山药 195
红枣板栗粥 195

产后第 5 周 196

宝宝变化 196
能分辨熟悉的声音 196

妈妈变化 196
进餐重质不重量 196
伤口几乎感觉不到疼痛 196
挤出多余的乳汁 196
胃肠功能基本恢复正常 196
白带正常分泌 196

产后第 5 周新妈妈饮食宜忌 197
宜平衡摄入与消耗 197
宜常吃鱼和海产品 197
忌多吃巧克力 197
忌吃生冷食物 197
新妈妈不宜郁郁寡欢 197

哺乳妈妈的营养菜谱 198
茄丁挂面 198
萝卜虾泥馄饨 198
小白菜锅贴 198
清炒黄豆芽 199
菠菜鸡肉粥 199
莲子猪肚汤 199

非哺乳妈妈的营养菜谱 200
玉竹百合苹果羹 200
葱花饼 200
苹果蜜柚橘子汁 200
蛋奶布丁 201
排骨汤面 201
黄芪枸杞子母鸡汤 201

产后第 6 周 202

宝宝变化 202
记忆力增强 202

妈妈变化 202
预防乳房下垂 202
子宫完全恢复 202
月经可能已经来临 202
胃口很好 202
排泄次数增加 202
伤口基本愈合 202

产后第 6 周新妈妈饮食宜忌 203
宜根据宝宝生长调整饮食 203
忌多吃高脂、高热量食物 203
宜多吃海藻类食物 203
忌早餐不吃主食 203
不宜喝浓茶、咖啡 203

哺乳妈妈的营养菜谱 204
猪肝烩饭 204
木瓜竹荪炖排骨 204
冬瓜蜂蜜汁 204
扁豆焖面 205
香蕉苹果粥 205
芪枣枸杞子茶 205

非哺乳妈妈的营养菜谱 206
香蕉空心菜粥 206
三文鱼粥 206
炒豆皮 206
海带烧黄豆 207
米饭蛋饼 207
拌魔芋丝 207

第五章
哺乳期营养饮食指导

母乳对妈妈宝宝的好处 210

母乳对宝宝的好处 210
母乳是育儿的第 1 步 210
有益于宝宝的发育 210
母乳喂养，宝宝不爱"上火" 210
有抗感染作用 210
母乳喂养宝宝心脏更强健 210
母乳更易被消化和吸收 210

哺乳对妈妈的好处 211
帮助妈妈做幸福的"奶牛" 211
哺乳令妈妈身体放松、心情愉快 211
哺乳也是一种良好的休息 211
大大降低乳腺癌的发病率 211

哺乳期饮食指导 212

哺乳期健康饮食禁忌 212
忌食辛辣食物 212
可适当食用有排毒功能的食物 212
忌食刺激性的食物 212
产后不宜多喝汤 212

哺乳期一周科学食谱推荐 213

哺乳期美味汤粥 214
黄豆猪蹄汤 214
乌鱼通草汤 214
猪蹄茭白汤 214
猪肚粥 215
黄芪橘皮粥 215
绿豆粥 215

哺乳期营养菜品 216
豌豆鸡丝 216
双菇炖鸡 216
木瓜烧带鱼 216

哺乳期健康饮品 217
山楂红糖饮 217
薏香豆浆 217
当归芍药汤 217

第六章
孕产期常见不适调养

孕吐严重 220

饮食方案 220
　　吃些酸味食物 220
　　饮食忌油腻刺激 220
　　选择喜欢的食物，少食多餐 220

照护提示 220
　　在床边放小零食 220
　　在手帕上滴果汁 220
　　身心放松很重要 220

推荐食谱 221
　　鲜柠檬汁 221
　　红枣生姜粥 221
　　陈皮卤牛肉 221

孕期便秘 222

饮食方案 222
　　多吃粗粮和蔬菜 222
　　每天 2000 毫升的饮水量 222
　　少吃刺激性、热性的食物 222

照护提示 222
　　每日定时排便 1 次 222
　　每天到户外散步半小时 222
　　警惕便秘转腹泻 222

推荐食谱 223
　　豌豆松仁玉米 223
　　核桃仁拌芹菜 223
　　红薯山楂绿豆粥 223

孕期胃胀气 224

饮食方案 224
　　金橘、杨梅助消化 224
　　白萝卜消胀气效果好 224
　　避免淀粉类、豆类食物 224

照护提示 224
　　饭后 1 小时按摩腹部 224
　　胀气加重需及时就医 224
　　饭后散步半小时 224

推荐食谱 225
　　糖渍金橘 225
　　大丰收 225
　　杨梅果酱 225

妊娠贫血 226

饮食方案 226
　　动物血、瘦肉、肝脏等含铁丰富 226
　　蛋白质和叶酸促进铁吸收 226
　　水果、蔬菜要多吃 226

照护提示 226
　　尽量使用铁锅做菜 226
　　按时做产检 226
　　对症治疗贫血 226

推荐食谱 227
　　香酥鸽子 227
　　鸡肝枸杞子汤 227
　　青椒炒鸭血 227

腿抽筋 228

饮食方案 228
多吃海带、木耳、芝麻 228
豆类、奶类缓解抽筋 228
奶汁烩生菜要常吃 228

照护提示 228
抓住大脚趾缓解抽筋 228
泡脚和热敷可减少抽筋 228
频繁抽筋应及时就医 228

推荐食谱 229
黄豆莲藕排骨汤 229
三鲜水饺 229
芹菜牛肉丝 229

感冒 230

饮食方案 230
以易消化的流食为主 230
不宜强迫进食及滋补 230
保证水分供给 230

照护提示 230
轻度感冒多休息 230
感冒较重要降温 230
感冒用药区别对待 230

推荐食谱 231
生姜葱白红糖汤 231
糙米橘皮柿饼汤 231
莲藕橙汁 231

妊娠水肿 232

饮食方案 232
保证营养均衡 232
不吃烟熏和腌制食物 232
食用低盐餐 232

照护提示 232
注意静养和保暖 232
不宜选择紧身的衣服 232
放松双腿 232

推荐食谱 233
粳米绿豆猪肝粥 233
鱼头冬瓜汤 233
红豆双皮奶 233

妊娠糖尿病 234

饮食方案 234
每天喝 2 杯牛奶 234
适量多吃水果和蔬菜 234
清淡饮食、少量多餐 234

照护提示 234
规律作息，保证充足睡眠 234
每天到户外散步，呼吸新鲜空气 234
定期检查，及时调整饮食习惯 234

推荐食谱 235
苦瓜炒牛肉 235
香干炒芹菜 235
五谷瘦肉粥 235

妊娠纹 236

饮食方案 236
每天喝 2 杯脱脂牛奶 236
西红柿对抗妊娠纹"火力"最强 236
这些营养素都有助于对抗妊娠纹 236

照护提示 236
洗澡时水温不要太烫 236
从孕初期开始涂抗妊娠纹乳液 236

推荐食谱 237
炖猪蹄 237
五香酿西红柿 237
果香猕猴桃蛋羹 237

孕期失眠 238

饮食方案 238
睡前 2 小时喝蜂蜜牛奶 238
菠菜可帮助安眠 238
晚餐可加黑芝麻、小米等 238

照护提示 238
请准爸爸帮忙热敷和按摩 238
左侧睡姿有助入睡 238

推荐食谱 239
胡萝卜小米粥 239
芹菜茼蒿汁 239
桂花板栗小米粥 239

孕期静脉曲张 240

饮食方案 240
重点补充蛋白质 240
适量选用葵花子油 240
常吃鸡肉有帮助 240

照护提示 240
穿弹性袜 240
避免长时间站着、坐着 240
睡觉时垫高下肢 240

推荐食谱 241
鸡脯扒青菜 241
松子仁玉米 241
虾仁冬瓜汤 241

产后出血 242

饮食方案 242
选择含铁丰富的食物 242
适当补充蛋白质 242
其他生血食物 242

照护提示 242
情况异常及时就医 242
家人多陪伴多开导 242

推荐食谱 243
猪肝炒油菜 243
三色补血汤 243
木耳炒鱿鱼 243

产后乳房胀痛......................244

饮食方案......................244
高蛋白、高脂肪食物要控制.....................244
饮食清淡，多喝水.....................244
食疗小偏方.....................244

照护提示......................244
教会宝宝正确吸奶.....................244
按摩挤压乳房.....................244
冷敷乳房.....................244

推荐食谱......................245
胡萝卜炒豌豆.....................245
丝瓜炖豆腐.....................245
桔梗红豆粥.....................245

恶露不尽.....................246

饮食方案......................246
山楂可促恶露排尽.....................246
吃些阿胶.....................246
禁食辛辣、寒凉食物.....................246

照护提示......................246
便后由前往后擦拭会阴.....................246
使用卫生护垫，不宜用棉球.....................246

推荐食谱......................247
益母草煮鸡蛋.....................247
阿胶鸡蛋羹.....................247
山楂红糖饮.....................247

产后抑郁 248

饮食方案......................248
保证足够热量摄入.....................248
别忽略维生素和矿物质.....................248
增加蛋白质的摄入.....................248

照护提示......................248
多和家人交流.....................248
多带宝宝到户外活动.....................248
避免重大生活改变.....................248

推荐食谱......................249
百合捞莲子.....................249
香蕉哈密瓜沙拉.....................249
猪肉苦瓜丝.....................249

附录
新生儿日常护理

脐带的护理 250

眼睛的护理 250

口腔的护理 250

鼻腔的护理 251

耳朵的护理 251

皮肤的护理 251

囟门的护理 251

母乳营养、易消化，
是最适合新生儿的
食物。

第一章
孕产期必需的20种关键营养素

叶酸——预防畸形和缺陷儿

孕早期是胎宝宝中枢神经发育的关键期，每天应补充400微克叶酸。孕妈妈宜在医生的指导下购买规格为400微克/片的叶酸增补剂，每天1片，最好是在饭后半小时左右用温水送服。进入孕中期后，食物摄取量开始增加，有些孕妈妈开始补充孕期营养合剂，这时可以停服叶酸片。

预防神经管畸形

叶酸可预防胎宝宝神经管缺损，特别是在受孕后第17~30天神经管形成的主要时期。专家认为，孕妈妈每天都要服用叶酸，尤其是孕前3个月到孕后3个月。

没补叶酸就怀孕怎么办

如果孕妈妈孕前没有补充叶酸也不用过分担忧，从发现怀孕时开始补充叶酸，也可以起到降低胎宝宝神经系统发育异常的作用。当然，加大叶酸服用量是不可取的，过量服用叶酸反而会危害身体。

最佳补充方案

人体真正能从食物中获得的叶酸并不多。如：蔬菜贮藏2~3天后，叶酸损失50%~70%；煲汤等烹饪方法会使食物中的叶酸损失50%~95%；盐水浸泡过的蔬菜，叶酸损失也会很大。因此，要改变一些烹制习惯，尽可能减少叶酸流失。

相对蔬菜而言，水果中叶酸的损耗相对较少，比如猕猴桃、柑橘、香蕉等，都是补充叶酸的上佳选择。富含叶酸的食物还有芦笋、西蓝花、动物肝脏、蛋黄、胡萝卜、牛奶等。

鲜虾芦笋

原料：鲜虾12只，芦笋300克，清鸡汤50毫升，姜6片，盐、干淀粉、蚝油各适量。

做法：①鲜虾去壳，挑去虾肠，洗净后用盐、干淀粉拌匀。②芦笋切长条，焯水沥干。③油锅烧热，中火炸熟虾仁，捞起沥油。用锅中余油爆香姜片，加入虾仁、清鸡汤、盐、蚝油炒匀，出锅浇在芦笋上即成。

功效：芦笋含丰富的叶酸和膳食纤维，是孕期补充叶酸的佳品，有益于胎宝宝健康发育。烹制芦笋时要现做现切，可避免营养成分流失。

最佳食物排行榜

　　动物肝脏中叶酸含量最为丰富,其次为黄豆、芦笋、空心菜、韭菜、小白菜、腐竹、豆腐、生菜、黄豆芽等。但是由于过度加热容易破坏食物中的叶酸,因此,尽量吃那些大火快炒的蔬菜或者能生食的健康蔬菜。

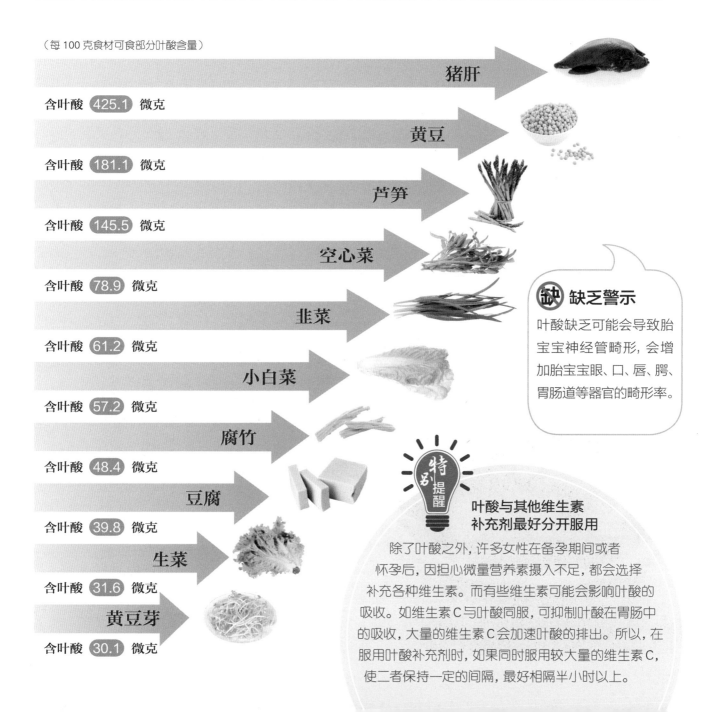

（每 100 克食材可食部分叶酸含量）

猪肝　含叶酸 425.1 微克

黄豆　含叶酸 181.1 微克

芦笋　含叶酸 145.5 微克

空心菜　含叶酸 78.9 微克

韭菜　含叶酸 61.2 微克

小白菜　含叶酸 57.2 微克

腐竹　含叶酸 48.4 微克

豆腐　含叶酸 39.8 微克

生菜　含叶酸 31.6 微克

黄豆芽　含叶酸 30.1 微克

缺 缺乏警示

叶酸缺乏可能会导致胎宝宝神经管畸形,会增加胎宝宝眼、口、唇、腭、胃肠道等器官的畸形率。

特别提醒

叶酸与其他维生素补充剂最好分开服用

　　除了叶酸之外,许多女性在备孕期间或者怀孕后,因担心微量营养素摄入不足,都会选择补充各种维生素。而有些维生素可能会影响叶酸的吸收。如维生素 C 与叶酸同服,可抑制叶酸在胃肠中的吸收,大量的维生素 C 会加速叶酸的排出。所以,在服用叶酸补充剂时,如果同时服用较大量的维生素 C,使二者保持一定的间隔,最好相隔半小时以上。

铁——补血壮宝宝

铁在人体中含量为4~5克,含量虽小,却有大作用。它主要负责氧的运输和储存,参与血红蛋白的形成,将充足的氧气送给胎宝宝。孕周越长,胎宝宝发育越完全,需要的铁就越多。适时补铁还可以改善孕妈妈的睡眠质量。

多吃瘦肉和动物血

人体对瘦肉和动物血中铁的吸收率约为20%。此外,动物性食物中的铁还有助于植物性食物中铁的吸收。单独吃玉米,铁的吸收率只有2%,而与牛肉共食,铁的吸收率就能达到8%。多吃瘦肉、动物血,不仅能补充大量的铁,还可以补充必需的动物蛋白质,从而提高孕妈妈的血红蛋白水平。

最佳补充方案

食物中的铁分为血红素铁和非血红素铁。血红素铁主要含于动物血液、肌肉、肝脏等组织中。植物性食物中的铁均为非血红素铁,主要含于各种粮食、蔬菜、坚果等食物中,特别是葡萄干、菠菜、小麦、麦芽或蜜糖等。

牛奶中磷、钙会与体内的铁结合成不溶性的含铁化合物,影响铁的吸收,服用补铁剂不宜同时喝牛奶。药物补铁应在医师指导下进行,过量的铁将影响锌的吸收利用。

维生素C能增加铁在肠道内的吸收,在补铁的同时应尽量搭配维生素C含量丰富的食物。尽量使用铁锅、铁铲做饭,铁离子会溶于食物中,有利于肠道对铁的吸收。

牛肉炒菠菜

原料:牛里脊肉50克,菠菜200克,水淀粉、酱油、料酒、盐、葱末、姜末各适量。

做法:①牛里脊肉切成薄片,把水淀粉、酱油、料酒、姜末放入碗中调汁,再放入牛肉片腌30分钟;菠菜洗净焯烫沥干,切段。②油锅烧热,放姜末、葱末煸炒,再放入牛肉片,大火快炒至熟,放入菠菜,用大火再炒几下,放盐,炒匀即成。

功效:牛肉和菠菜都是含铁丰富的食物,牛肉还具有补脾胃、益气血、强筋骨等作用。

最佳食物排行榜

　　动物肝脏、动物血、瘦肉，紫菜、红糖、坚果、蛋、豆类，桃、梨、葡萄等水果，菠菜等绿色蔬菜，都是补铁的好食物。孕妈妈在吃补铁食物的同时，还要注意维生素C的摄入，这样更有利于铁的吸收。

（每 100 克食材可食部分铁含量）

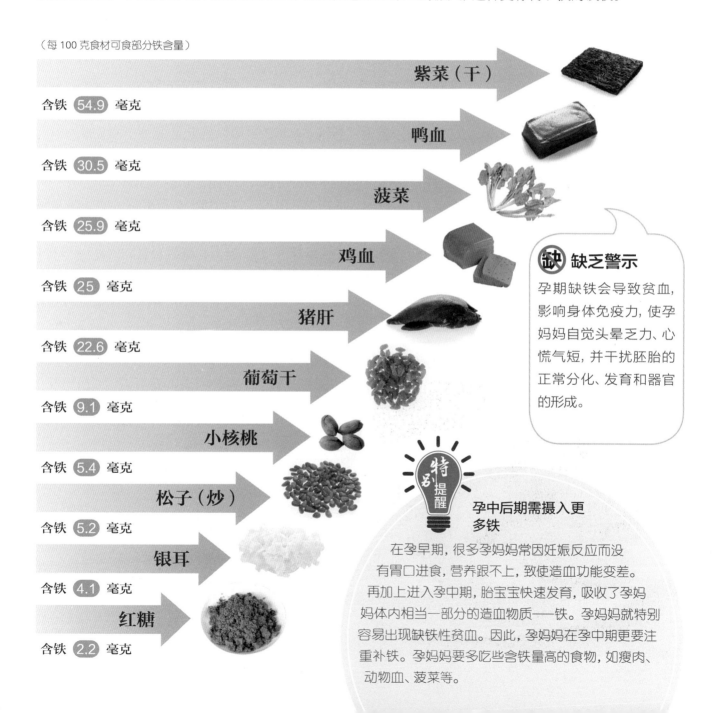

紫菜（干）
含铁 54.9 毫克

鸭血
含铁 30.5 毫克

菠菜
含铁 25.9 毫克

鸡血
含铁 25 毫克

猪肝
含铁 22.6 毫克

葡萄干
含铁 9.1 毫克

小核桃
含铁 5.4 毫克

松子（炒）
含铁 5.2 毫克

银耳
含铁 4.1 毫克

红糖
含铁 2.2 毫克

缺 缺乏警示

孕期缺铁会导致贫血，影响身体免疫力，使孕妈妈自觉头晕乏力、心慌气短，并干扰胚胎的正常分化、发育和器官的形成。

特别提醒

孕中后期需摄入更多铁

在孕早期，很多孕妈妈常因妊娠反应而没有胃口进食，营养跟不上，致使造血功能变差。再加上进入孕中期，胎宝宝快速发育，吸收了孕妈妈体内相当一部分的造血物质——铁。孕妈妈就特别容易出现缺铁性贫血。因此，孕妈妈在孕中期更要注重补铁。孕妈妈要多吃些含铁量高的食物，如瘦肉、动物血、菠菜等。

钙——促进胎宝宝骨骼发育

钙是人体必需的常量元素,是牙齿和骨骼的主要成分,钙离子是血液保持一定凝固性的必要因子之一,也是体内许多重要酶的激活剂。钙除了能维持胎宝宝骨骼和牙齿的正常发育外,还对保持孕妈妈心血管的健康有很大作用。

孕前就要开始补钙

钙摄入不足,会直接影响怀孕后妈妈的身体与胎宝宝的发育。在孕期,孕妈妈体内的钙会转移到胎宝宝身上,钙缺乏会影响胎宝宝乳牙、恒牙的钙化和骨骼的发育。千万不要认为补钙是怀孕后的事,最理想的补钙时机应该从准备怀孕开始,这样才能做到有备无患。

不同时期补钙有变化

随着胎宝宝的成长,孕妈妈对钙的需求量也不断增多。每日500毫升牛奶可大约提供500毫克的钙,再加上其他食物,可基本满足孕妈妈对钙的需求。但不喝奶或喝奶少的孕妈妈钙的摄入可能不足,可以在医生指导下服用钙片。到了孕中晚期,每天要补充1000~1200毫克钙。

最佳补充方案

奶和奶制品是钙的优质来源,钙含量最为丰富且吸收率也高。虾皮、芝麻酱、黄豆等食物都能提供丰富的钙质。发生缺钙现象,也可根据医生的建议服用适当的钙剂。含钙高的食物要避免和草酸含量高的食物一同烹饪,如菠菜、韭菜、老空心菜、老苋菜、笋等,以免影响钙质吸收。

🍴 奶酪烤鸡翅

原料: 黄油、奶酪各50克,鸡翅6个,盐适量。

做法: ①鸡翅洗净,用水焯一下,沥干,用盐腌制1小时。②黄油放入热锅中融化,放入鸡翅,平铺在锅中。③用小火将鸡翅正反两面煎至色泽金黄,将奶酪擦成碎末,均匀撒在鸡翅上。④奶酪完全变软,并进入到熟烂的鸡翅中,关火装盘即可。

功效: 奶酪含钙丰富,而且很容易被人体吸收,还含有丰富的维生素A,能保护眼睛并保持肌肤健美。

最佳食物排行榜

奶和奶制品中含钙量高且吸收率也高；虾皮、黄豆及其制品是钙的良好来源；深绿色蔬菜如小萝卜缨、芹菜叶等含钙量也较多；小鱼干也是良好的钙质来源。

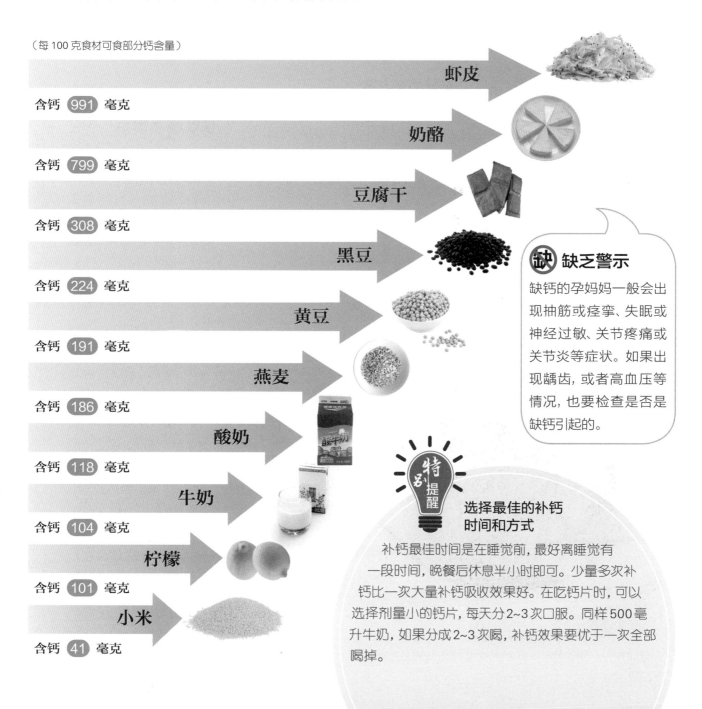

（每100克食材可食部分钙含量）

虾皮
含钙 **991** 毫克

奶酪
含钙 **799** 毫克

豆腐干
含钙 **308** 毫克

黑豆
含钙 **224** 毫克

黄豆
含钙 **191** 毫克

燕麦
含钙 **186** 毫克

酸奶
含钙 **118** 毫克

牛奶
含钙 **104** 毫克

柠檬
含钙 **101** 毫克

小米
含钙 **41** 毫克

缺 缺乏警示

缺钙的孕妈妈一般会出现抽筋或痉挛、失眠或神经过敏、关节疼痛或关节炎等症状。如果出现龋齿，或者高血压等情况，也要检查是否是缺钙引起的。

特别提醒

选择最佳的补钙时间和方式

补钙最佳时间是在睡觉前，最好离睡觉有一段时间，晚餐后休息半小时即可。少量多次补钙比一次大量补钙吸收效果好。在吃钙片时，可以选择剂量小的钙片，每天分2~3次口服。同样500毫升牛奶，如果分成2~3次喝，补钙效果要优于一次全部喝掉。

DHA——不可缺少的"脑黄金"

"脑迅速增长期"指的是胎宝宝脑细胞迅速增殖的第一阶段，即妊娠的3~6个月。胎宝宝脑细胞迅速增殖所需要的大量DHA只能从母体中获得，而随着孕期的发展，孕妈妈体内的DHA含量会逐渐减少。因此，孕妈妈应注意摄入含DHA高的食物。

促进脑发育，提高记忆力

从孕18周开始直到产前3个月，是胎宝宝大脑中枢神经元分裂和成熟最快的时期，摄入充足的DHA，将有利于胎宝宝的大脑发育。DHA还有助于胎宝宝的大脑锥体细胞和视网膜视杆细胞的生长发育。

最佳补充方案

鱼虾类、蛋类、坚果类食物的DHA含量丰富，孕妈妈可适当多吃。孕妈妈经常吃鱼，就能有效补充DHA。如果因为种种原因不能经常吃鱼，孕妈妈可以在医生指导下服用DHA补充剂。

 缺乏警示

人体合成DHA的速率较低，可直接从食物中获取。如果母体中缺乏DHA，会影响胎宝宝大脑和视网膜的发育，甚至产生胎宝宝发育迟缓、早产的危害。

鳗鱼饭

原料：鳗鱼150克，笋片50克，青菜、米饭各100克，盐、料酒、酱油、白糖、高汤各适量。

做法：①鳗鱼洗干净，切段，放入碗内，放入盐、料酒、酱油，腌制半小时。②把腌制好的鳗鱼放入烤盘中，烤箱温度调到180℃，将鳗鱼烤熟。③将洗好的笋片、青菜放入油锅中略炒，把烤熟的鳗鱼放入锅内，倒入高汤，加入酱油、白糖，煮至收汁，摆在米饭上即可。

功效：鳗鱼含有丰富的蛋白质、钙、磷和维生素等营养成分，尤其是其含有的DHA，对胎宝宝的大脑发育极有利。

卵磷脂——记忆力的好帮手

卵磷脂是非常重要的益智营养素，孕期缺乏卵磷脂，将影响胎宝宝大脑的正常发育，甚至会发育异常。因此，孕妈妈应常吃富含卵磷脂的食物，促进胎宝宝大脑发育。

胎宝宝的益智营养素

卵磷脂是细胞膜的组成部分，它能够保障大脑细胞膜的健康和正常运行，提高大脑活力，增强记忆力，是胎宝宝非常重要的益智营养素。国际上推荐，孕期卵磷脂的每日补充量以500毫克为宜。

最佳补充方案

营养较完整、卵磷脂含量较高的食物主要有黄豆、蛋黄和动物肝脏等。日常生活中可选择食用蛋黄、豆浆、凉拌豆腐、木耳炒肉片和鱼头汤，这些都是卵磷脂的食物来源，尤其是吃鱼头汤时既要喝汤也要吃鱼肉。

 缺乏警示

孕期缺乏卵磷脂，将影响胎宝宝大脑的正常发育，甚至会导致胎宝宝机体发育异常。孕妈妈则会感觉疲劳、心理紧张、反应迟钝、头昏头痛、失眠多梦。

韭菜炒虾仁

原料：韭菜200克，虾仁50克，葱、姜、蒜、盐、料酒、高汤、香油各适量。

做法：①虾仁洗净，去虾线，沥干水分。②韭菜择洗干净，切成小段；葱切丝；姜、蒜去皮，洗净切末。③油锅烧热，下葱丝、姜末、蒜末炝锅，放入虾仁煸炒2~3分钟，烹料酒、盐、高汤稍炒，放入韭菜，急火炒4~5分钟，淋入香油即成。

功效：虾仁富含优质蛋白和卵磷脂，与补气血、暖肾脏的韭菜搭配，非常适合孕妈妈食用。

α－亚麻酸——提高胎宝宝的智力

孕妈妈除了通过吃鱼或服用鱼油或海藻油胶囊来补充DHA外，在膳食中摄入α－亚麻酸也是补充DHA的一个途径。

帮助完善胎宝宝大脑和视网膜发育

在孕期的最后3个月，孕妈妈体内会产生两种和DHA生成有关的酶，在这两种酶的帮助下，胎宝宝肝脏可以利用母体血液中的α－亚麻酸来生成DHA，帮助发育完善大脑和视网膜。

最佳补充方案

孕早期和怀孕的最后3个月，都是孕妈妈重点补充α－亚麻酸的时期。亚麻籽油是从亚麻的种子中提取的油脂，其中富含超过50%的α－亚麻酸。含α－亚麻酸多的食物还包括：核桃、核桃油、松子仁、杏仁等。专家建议，孕妈妈每周吃鱼次数不要超过3次。

缺 缺乏警示

α－亚麻酸缺乏，孕妈妈会觉得睡眠差、烦躁不安，疲劳感明显，产后乳汁少、质量低。还会导致胎宝宝发育不良，出生后智力低下、视力不好、反应迟钝、抵抗力弱。

银耳核桃糖水

原料: 枸杞子50克，银耳30克，核桃肉100克，冰糖适量。

做法: ①将枸杞子、核桃肉洗净；银耳用温水泡软，去蒂，撕小片。②适量水烧开，放入银耳片、枸杞子，改用小火煲30分钟。③加入核桃肉，再煲10分钟。④最后放入冰糖煮溶即成。

功效: 核桃富含α－亚麻酸，补脑、润肺、强壮神经；枸杞子能养眼、补肝肾；银耳活血清热、滋阴润肺、补脑强心。

维生素 B₁₂——具有造血功能的维生素

维生素B₁₂是人体三大造血原料之一，除了对血细胞的生成及中枢神经系统的完整性很关键外，还有消除疲劳，缓解恐惧、气馁等不良情绪的作用，对胎宝宝的生长发育和孕妈妈的孕期身体平安都非常重要。

保障孕妈妈血液健康

维生素B₁₂是孕妈妈抗贫血所必需的，还有助于防治胎宝宝神经损伤，促进正常的生长发育和防治神经脱髓鞘。人体中维生素B₁₂需要量极少，只要饮食正常，就不会缺乏。少数吸收不良的孕妈妈须引起注意，可在医生指导下服用营养补充剂。

最佳补充方案

维生素B₁₂只存在于动物食品中，肉和肉制品是主要来源，海产品和牛奶、鸡蛋、奶酪中含量也很丰富。

孕期推荐量为每日3.1微克，180克软干奶酪或2杯牛奶（500毫升）就可以满足孕期一天中维生素B₁₂的需要。

缺 缺乏警示

缺乏维生素B₁₂会出现肝功能和消化功能障碍，孕妈妈会感觉食欲不振、身体虚弱、精神抑郁、体重减轻、皮肤粗糙等状况，还有可能引起贫血症，这些都不利于胎宝宝的成长。

青蛤豆腐汤

原料:青蛤、北豆腐各150克,竹笋、豌豆苗各50克,盐适量。

做法:①将北豆腐洗净切片;豌豆苗洗净切成段;竹笋洗净切片;青蛤去壳泡洗干净。②锅中加水烧开,放入豆腐、笋片煮沸后放入盐、青蛤煮5分钟,撒上豌豆苗即可。

功效:青蛤富含维生素B₁₂,豆腐能补充钙和蛋白质。这道汤营养丰富,鲜甜味美,简单易做,是孕期的理想汤点。青蛤换成文蛤或者别的贝类都可以。

维生素C——使胎宝宝皮肤细腻

维生素C能够增强免疫系统的抗感染能力，可以促进骨胶原生成，保持孕妈妈骨骼和关节的牢固和强健。它具有抗氧化性，可减少污染物的毒性，有利于某些抗压力激素的分泌。此外，维生素还可以促进孕妈妈对铁的吸收。

多吃蔬菜水果补充维生素C

通常来说，人体对维生素C的利用率较低，很容易因摄入不足而引起维生素C缺乏。维生素C多存在于新鲜蔬菜水果中，因此，在日常饮食中，孕妈妈要多吃蔬菜水果来保证维生素C的摄入，以提高身体抵抗力，并且保持骨骼和关节的强健。

预防胎宝宝发育不良

维生素C又称抗坏血酸，能够预防坏血病，还可促进胶原组织形成，维持牙齿和骨骼的发育，促进铁的吸收，最为人熟知的是它能增加机体的抗病能力，促进伤口愈合，并具有防癌、抗癌作用。对于胎宝宝来说，它可以预防胎宝宝发育不良。

最佳补充方案

维生素C多存在于新鲜蔬菜和水果中，孕妈妈只要正常进食新鲜蔬菜和水果，一般不会缺乏维生素C。蔬菜中的维生素C，通常叶部的含量比茎部含量高，新叶比老叶含量高，有光合作用的叶部含量最高。

西红柿炖豆腐

原料： 西红柿2个，豆腐1块，盐、葱花各适量。

做法： ①将西红柿洗净切片，锅底放少许油，西红柿片下锅煸炒，炒出汤汁。②豆腐洗净切条，下入西红柿原汤中，加水、盐，大火烧开后改中小火慢炖，10分钟左右收汤，撒上葱花即可。

功效： 西红柿是维生素C的良好来源，每天吃1~2个（500克左右）西红柿就可以满足孕妈妈对维生素C的需求。

最佳食物排行榜

　　水果中的酸枣、柑橘、草莓、猕猴桃（脾胃虚寒的孕妈妈应慎食猕猴桃）等含量最高；蔬菜中以西蓝花、西红柿、青椒、豆芽等含量最多。先洗后切，洗菜时速度尽量要快，烹调时应快炒，少加或不加水，都能够减少维生素 C 的流失。

（每 100 克食材可食部分维生素 C 含量）

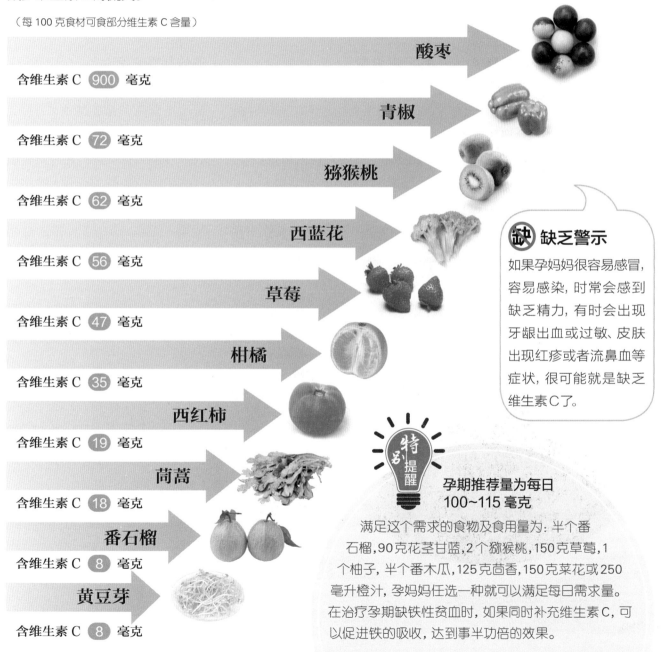

酸枣　含维生素 C ⑨⓪⓪ 毫克

青椒　含维生素 C ⑦② 毫克

猕猴桃　含维生素 C ⑥② 毫克

西蓝花　含维生素 C ⑤⑥ 毫克

草莓　含维生素 C ④⑦ 毫克

柑橘　含维生素 C ③⑤ 毫克

西红柿　含维生素 C ⑲ 毫克

茼蒿　含维生素 C ⑱ 毫克

番石榴　含维生素 C ⑧ 毫克

黄豆芽　含维生素 C ⑧ 毫克

缺 缺乏警示

如果孕妈妈很容易感冒，容易感染，时常会感到缺乏精力，有时会出现牙龈出血或过敏、皮肤出现红疹或者流鼻血等症状，很可能就是缺乏维生素 C 了。

特别提醒

孕期推荐量为每日 100~115 毫克

满足这个需求的食物及食用量为：半个番石榴，90 克花茎甘蓝，2 个猕猴桃，150 克草莓，1 个柚子，半个番木瓜，125 克茴香，150 克菜花或 250 毫升橙汁，孕妈妈任选一种就可以满足每日需求量。在治疗孕期缺铁性贫血时，如果同时补充维生素 C，可以促进铁的吸收，达到事半功倍的效果。

维生素 A——视力和皮肤的保护神

维生素A又名视黄醇，可促进胎宝宝的视力发育，增强机体抗病能力，益于牙齿和皮肤黏膜健康。孕妈妈如果缺乏维生素A，不仅会出现眼干、眼涩等症状，还会影响到胎宝宝视力的发育。并且，胎宝宝机体生长和发育均需大量的维生素A。

遵医嘱用鱼肝油补维生素 A

补充维生素A可以通过食物，也可以用维生素A制剂，就是鱼肝油。鱼肝油中不仅含维生素A，还含有维生素D，而且两者的含量大大高于普通食物，补充效率也比吃普通食物高得多，但也存在过量的风险，所以在食用鱼肝油时最好遵循医生的建议。

每日供给量

维生素A每日推荐摄入量：孕早期每日摄入约800微克，孕中晚期每日摄入约900微克。80克鳗鱼、65克鸡肝、75克胡萝卜、125克皱叶甘蓝或200克金枪鱼，足量摄入其中的任何一种，就能满足每日所需。孕妈妈可以将这些食物交替着吃，使营养摄入更均衡。

最佳补充方案

鱼卵及动物的肝脏、奶类、蛋类富含天然维生素A，一些红色、橙色、深绿色植物性食物中的 β-胡萝卜素，可以通过胃肠道内的一些特殊酶的作用，催化生成维生素A。胡萝卜、红心甜薯、菠菜、苋菜、杏、芒果等也都是 β-胡萝卜素的极佳提供者。

🍴 胡萝卜牛肉丝

原料：牛肉50克，胡萝卜150克，酱油15克，盐、干淀粉、葱花、姜末、料酒各适量。

做法：①牛肉洗净切丝，用葱花、姜末、干淀粉、酱油、料酒，加盐腌10分钟。②胡萝卜洗净切丝。③油锅烧热，将腌好的牛肉丝入油锅迅速翻炒，呈熟色后倒入胡萝卜丝翻炒至熟即可。

功效：胡萝卜含有丰富的 β-胡萝卜素，有利于人体生成维生素A，牛肉中的油脂还有利于胡萝卜中的维生素E得到良好吸收。

最佳食物排行榜

 天然维生素A只存在于动物体内。动物的肝脏、鱼肝油、奶类、蛋类及鱼卵是维生素A的最好来源。而菠菜、西红柿、胡萝卜、芒果等蔬果，所含的β–胡萝卜素可以在人体内转化为维生素A，孕妈妈可以常食。

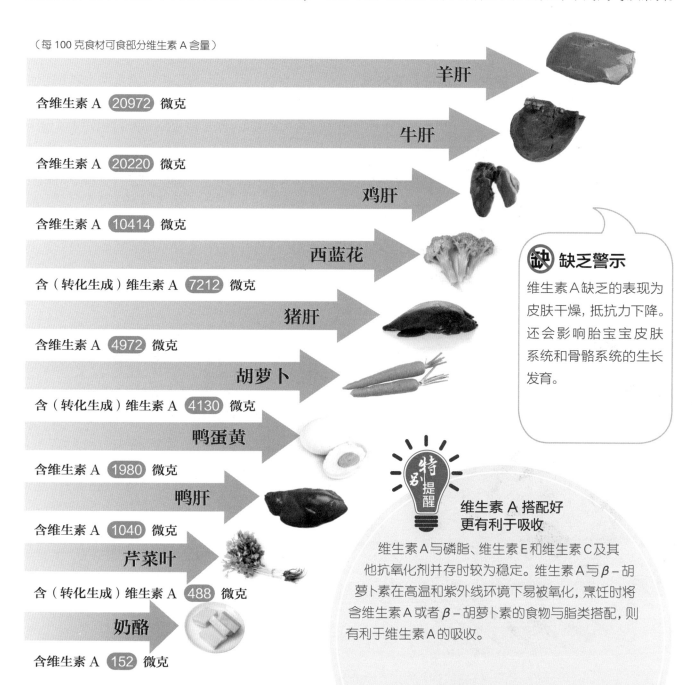

（每100克食材可食部分维生素A含量）

羊肝
含维生素A 20972 微克

牛肝
含维生素A 20220 微克

鸡肝
含维生素A 10414 微克

西蓝花
含（转化生成）维生素A 7212 微克

猪肝
含维生素A 4972 微克

胡萝卜
含（转化生成）维生素A 4130 微克

鸭蛋黄
含维生素A 1980 微克

鸭肝
含维生素A 1040 微克

芹菜叶
含（转化生成）维生素A 488 微克

奶酪
含维生素A 152 微克

缺 缺乏警示

维生素A缺乏的表现为皮肤干燥，抵抗力下降。还会影响胎宝宝皮肤系统和骨骼系统的生长发育。

特别提醒

维生素 A 搭配好更有利于吸收

维生素A与磷脂、维生素E和维生素C及其他抗氧化剂并存时较为稳定。维生素A与β–胡萝卜素在高温和紫外线环境下易被氧化，烹饪时将含维生素A或者β–胡萝卜素的食物与脂类搭配，则有利于维生素A的吸收。

维生素 E——生育必备帮手

维生素 E 能促进胎宝宝的良好发育，在孕早期常被用于保胎安胎。维生素 E 有时被用来治疗男女不孕症及先兆流产，所以维生素 E 又名"生育酚"。维生素 E 还有很强的抗氧化作用，可以延缓衰老，预防大细胞性溶血性贫血。

日常饮食可满足维生素 E 需求

维生素 E 有助于安胎保健，不过绝大部分孕妈妈无需特意补充，因为维生素 E 在很多食物中都存在，日常饮食就可以满足需求。孕期推荐摄入量为每日 14 毫克，孕妈妈用富含维生素 E 的植物油炒菜食用，即可摄入足够的维生素 E。

最佳补充方案

各种植物油、谷物的胚芽、许多绿色植物、肉、奶、蛋等都是维生素 E 非常好的来源。葵花子富含维生素 E，孕妈妈只要每天摄入 2 勺葵花子油，就可以满足每日所需。如果口服硫酸亚铁，要和维生素 E 错开 8 小时，以免影响吸收。

除了摄入富含维生素 E 的植物油，还可以通过下面推荐的食物搭配来满足孕妈妈对维生素 E 的需求：核桃+玉米，玉米能够促进核桃中维生素 E 的吸收；腐竹+虾皮，虾皮中富含硒元素，与富含维生素 E 的腐竹搭配，可以互相促进吸收；全麦面包+花生酱，可以吸收更多的维生素 E。

豆腐油菜心

原料：油菜心 400 克，豆腐 100 克，香菇、冬笋各 25 克，香油 5 克，香葱、盐、姜末各适量。

做法：①油菜心洗净切丝，香菇、冬笋分别洗净切丁；香葱切段。②豆腐切小块，与香菇丁、冬笋丁、油菜心同装入盘中，加盐拌匀，蒸 10 分钟。③油锅烧热，爆香葱段、姜末，浇在盘中，淋入香油即可。

功效：油菜含有丰富的维生素 E，与豆腐搭配，营养多样，是一道精美的孕期菜品。

最佳食物排行榜

维生素E的来源主要有植物,如麦胚油、葵花子油、玉米油、香油;坚果类,如花生、杏仁、榛子、核桃;豆类、蛋类、奶类以及牛肝、猪肉、西红柿、苹果等。炒菜时长时间高温烹调,会丢失大量维生素E,故要尽量避免。

(每 100 克食材可食部分维生素 E 含量)

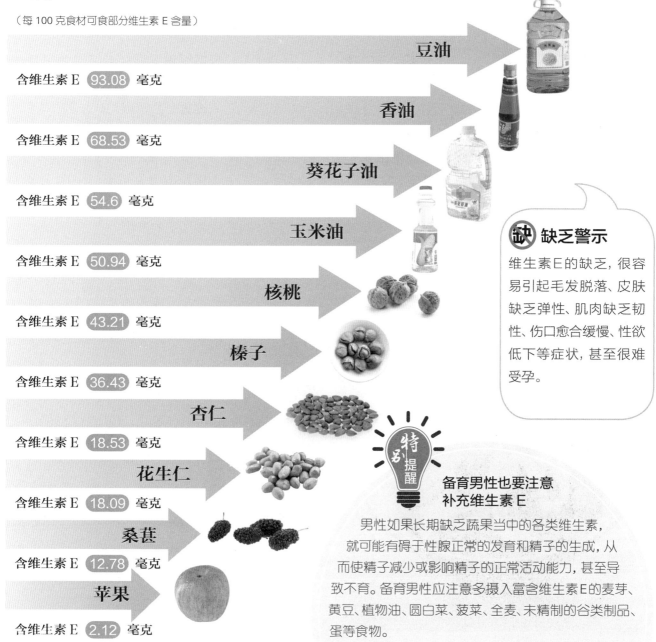

豆油
含维生素 E 93.08 毫克

香油
含维生素 E 68.53 毫克

葵花子油
含维生素 E 54.6 毫克

玉米油
含维生素 E 50.94 毫克

核桃
含维生素 E 43.21 毫克

榛子
含维生素 E 36.43 毫克

杏仁
含维生素 E 18.53 毫克

花生仁
含维生素 E 18.09 毫克

桑葚
含维生素 E 12.78 毫克

苹果
含维生素 E 2.12 毫克

缺 缺乏警示

维生素E的缺乏,很容易引起毛发脱落、皮肤缺乏弹性、肌肉缺乏韧性、伤口愈合缓慢、性欲低下等症状,甚至很难受孕。

特别提醒

备育男性也要注意补充维生素E

男性如果长期缺乏蔬果当中的各类维生素,就可能有碍于性腺正常的发育和精子的生成,从而使精子减少或影响精子的正常活动能力,甚至导致不育。备育男性应注意多摄入富含维生素E的麦芽、黄豆、植物油、圆白菜、菠菜、全麦、未精制的谷类制品、蛋等食物。

维生素 B_1——神经功能的重要助手

维生素B_1也称硫胺素，又被称为"精神性的维生素"，它和孕妈妈、胎宝宝的精神状态息息相关，缺乏维生素B_1，孕妈妈轻则会感到疲劳、注意力不集中，重则会出现抽筋、昏迷等症状，胎宝宝也会受到影响。因此，孕妈妈不要懈怠对维生素B_1的摄取。

维持正常代谢

维生素B_1不但能够影响孕妈妈和胎宝宝的神经组织和精神状态，还参与糖的代谢，并且对维持胃肠道的正常蠕动、消化腺的分泌、心脏及肌肉等功能的正常发挥起重要作用。孕妈妈适当补充维生素B_1，有助于胎宝宝生长发育。

最佳补充方案

维生素B_1主要存在于种子的外皮和胚芽中，所以其主要植物性食物来源为谷类、豆类和坚果。维生素B_1还广泛存在于动物内脏、瘦肉、蛋黄和蔬菜中。

孕中后期要求每日摄入1.4~1.5毫克的维生素B_1，所以平时吃粳米、面粉时选择标准米面即可。

但粗粮中含有丰富的维生素B_1，除了吃米饭之外，孕妈妈要适当进食一些粗粮，如定期吃些糙米饭，有利于获得丰富的维生素B_1。一般来说，谷类的表皮部分维生素B_1的含量更高，所以，在选择谷类食物时，要注意选择非过度精加工的食物。

豌豆鸡丝

原料: 鸡肉250克，豌豆100克，高汤、盐、水淀粉各适量。

做法: ①将豌豆洗净，焯水沥干；鸡肉洗净，切丝备用。②油锅烧热，放入鸡肉丝炒至变色，放入豌豆继续翻炒，加入盐、高汤，用水淀粉勾芡即可。

功效: 豌豆富含维生素B_1，鸡肉能够提供优质蛋白质。此菜荤素搭配，营养合理。

最佳食物排行榜

　　粮谷类、豆类、干果、坚果类等食物中维生素 B_1 含量丰富，动物内脏如猪肝，蛋类如鸡蛋、鸭蛋，蔬菜如菠菜、莴笋叶中，维生素 B_1 的含量也较高，蜂蜜、土豆中也含有一定量的维生素 B_1。

（每 100 克食材可食部分维生素 B_1 含量）

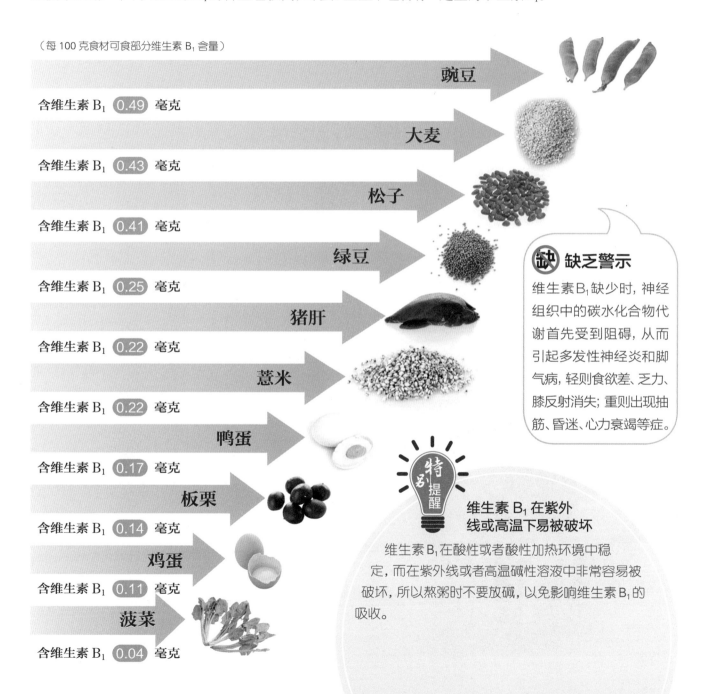

豌豆
含维生素 B_1 0.49 毫克

大麦
含维生素 B_1 0.43 毫克

松子
含维生素 B_1 0.41 毫克

绿豆
含维生素 B_1 0.25 毫克

猪肝
含维生素 B_1 0.22 毫克

薏米
含维生素 B_1 0.22 毫克

鸭蛋
含维生素 B_1 0.17 毫克

板栗
含维生素 B_1 0.14 毫克

鸡蛋
含维生素 B_1 0.11 毫克

菠菜
含维生素 B_1 0.04 毫克

缺 缺乏警示

维生素 B_1 缺少时，神经组织中的碳水化合物代谢首先受到阻碍，从而引起多发性神经炎和脚气病，轻则食欲差、乏力、膝反射消失；重则出现抽筋、昏迷、心力衰竭等症。

特别提醒

维生素 B_1 在紫外线或高温下易被破坏

维生素 B_1 在酸性或者酸性加热环境中稳定，而在紫外线或者高温碱性溶液中非常容易被破坏，所以熬粥时不要放碱，以免影响维生素 B_1 的吸收。

维生素 B_2——避免胎宝宝生长发育迟缓

维生素 B_2 能够促进胎宝宝的生长发育，增进记忆力。维生素 B_2 又称核黄素，它是人体许多黄素酶辅酶的组成成分，参与人体三大产能营养素（蛋白质、脂肪、碳水化合物）的代谢过程，不仅可以促进胎宝宝机体发育，还可以帮助胎宝宝更好地吸收蛋白质。

强化孕妈妈肝功能

维生素 B_2 能够将食物中的添加物转化为无害的物质，强化孕妈妈的肝功能，调节肾上腺素的分泌，保护皮肤。孕妈妈要适量多吃蘑菇、紫菜等含有较多维生素 B_2 的食物。此外，动物性食物、奶、奶酪、蛋黄等食品中的维生素 B_2 含量也比较高。

每日供给量

由于参与人体热能代谢，建议孕中后期维生素 B_2 的每日摄入标准为1.4~1.5毫克。一般来说，孕期的正常饮食都能满足这个要求。医学上可以通过测定细胞中维生素 B_2 含量来评定维生素 B_2 的营养水平：含量小于140微克/升为缺乏，大于200微克/升为良好。

最佳补充方案

维生素 B_2 的最佳食物来源是乳制品，其中牛奶的维生素 B_2 含量较多。另外，经过发酵的乳制品中也含有较多的维生素 B_2，比如奶酪、酸奶等。建议孕妈妈补充维生素 B_2 时，最好以乳制品为主，再辅以绿叶蔬菜、鸡蛋、菌类、动物肝脏等食物。

奶酪蛋汤

原料:奶酪20克，鸡蛋1个，西芹100克，胡萝卜小半根，高汤、面粉各适量。

做法:①西芹和胡萝卜洗净切成末，备用。②奶酪与鸡蛋一起打散，加些面粉，制成蛋糊。③高汤烧开，淋入调好的蛋糊，撒上西芹末、胡萝卜末作点缀即可。

功效:奶酪中的维生素 B_2 含量丰富，口味和酸奶类似，是孕妈妈喜欢的味道，食用奶酪蛋汤可以为孕妈妈补充钙质和各种维生素。

最佳食物排行榜

　　动物性食物中维生素B₂含量较高,尤以动物肝脏含量丰富;奶、奶酪、蛋黄、鱼类等食品中含量也不少;植物性食品除绿色蔬菜和豆类外,小麦胚芽粉也含有维生素B₂。

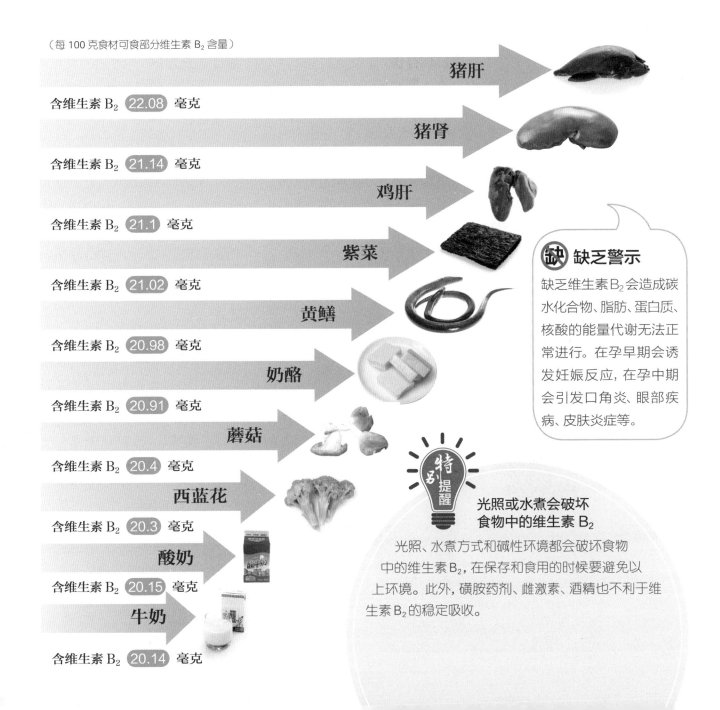

（每100克食材可食部分维生素 B₂ 含量）

猪肝
含维生素 B₂ (22.08) 毫克

猪肾
含维生素 B₂ (21.14) 毫克

鸡肝
含维生素 B₂ (21.1) 毫克

紫菜
含维生素 B₂ (21.02) 毫克

黄鳝
含维生素 B₂ (20.98) 毫克

奶酪
含维生素 B₂ (20.91) 毫克

蘑菇
含维生素 B₂ (20.4) 毫克

西蓝花
含维生素 B₂ (20.3) 毫克

酸奶
含维生素 B₂ (20.15) 毫克

牛奶
含维生素 B₂ (20.14) 毫克

缺 缺乏警示

缺乏维生素B₂会造成碳水化合物、脂肪、蛋白质、核酸的能量代谢无法正常进行。在孕早期会诱发妊娠反应,在孕中期会引发口角炎、眼部疾病、皮肤炎症等。

特别提醒

光照或水煮会破坏食物中的维生素 B₂

光照、水煮方式和碱性环境都会破坏食物中的维生素B₂,在保存和食用的时候要避免以上环境。此外,磺胺药剂、雌激素、酒精也不利于维生素B₂的稳定吸收。

锌——预防胎宝宝畸形

锌是人体所需的重要微量元素之一。如果孕妈妈缺锌，会影响胎宝宝大脑发育。在孕期胎宝宝脑细胞快速增长时，孕妈妈尤其需要获得充足的锌。

保障胎宝宝正常发育

锌对于新生命的重要性，孕产专家一直以来都在强调。锌不但参与大多数的重要代谢，对提高人体的免疫功能、提高生殖腺功能也有极其重要的影响。在孕期，锌可预防胎宝宝畸形、脑积水等疾病，维持小生命的健康发育，帮助孕妈妈顺利分娩。

每日推荐量

孕期锌的每日推荐量为9.5毫克左右，从日常的海产品、动物肝脏、肉类、鱼类、豆类中可以得到补充。孕妈妈也可以遵医嘱服用锌制剂。营养强化麦片和红肉都是很好的含锌食物。习惯吃素食的孕妈妈，则需要考虑改一改饮食习惯了。

最佳补充方案

锌在牡蛎中含量十分丰富，鱼、牛肉、羊肉及其他贝壳类海产品中也含有比较丰富的锌。谷类中的植酸会影响锌的吸收，孕妈妈补锌以动物性食物为宜。锌和维生素A、维生素C、蛋白质一起服用可以增强人体免疫力，孕期营养餐不妨将食物科学搭配后食用。

🍴 肉蛋羹

原料：猪里脊肉60克，鸡蛋1个，香菜、盐、香油各适量。

做法：①猪里脊肉剁成泥。②鸡蛋打入碗中，加适量水，再加入肉泥，放盐，朝一个方向搅匀，然后上锅蒸15分钟。③出锅后，淋上一点香油，撒上香菜点缀即可。

功效：肉类和鸡蛋都富含锌，孕妈妈常吃肉蛋羹，可以促进胎宝宝生长和智力的发育。

最佳食物排行榜

日常海产品、动物肝脏、肉类、鱼类、豆类中都含有较为丰富的锌。但含锌量最多的当属贝类海产品，如生蚝、螺蛳、牡蛎、扇贝等。营养强化麦片和红肉也都是很好的含锌食物。

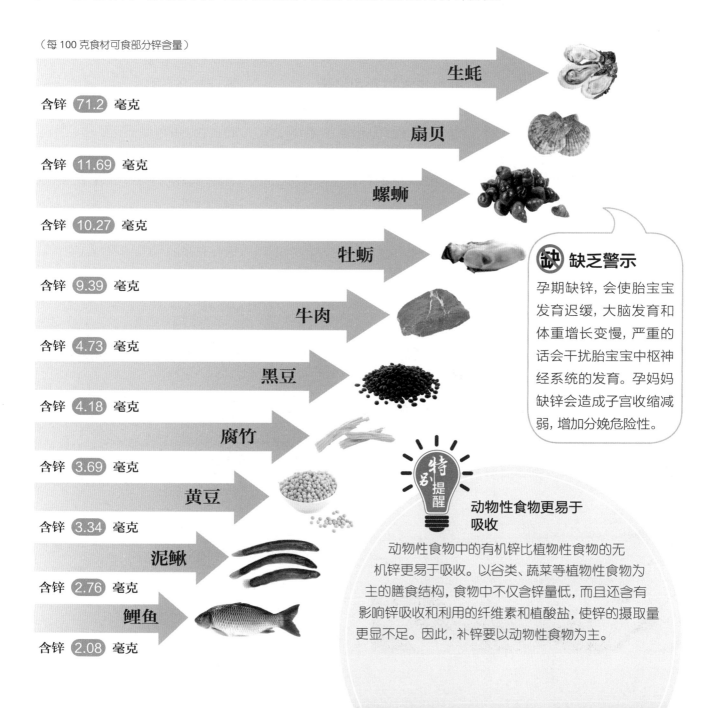

（每 100 克食材可食部分锌含量）

生蚝
含锌 71.2 毫克

扇贝
含锌 11.69 毫克

螺蛳
含锌 10.27 毫克

牡蛎
含锌 9.39 毫克

牛肉
含锌 4.73 毫克

黑豆
含锌 4.18 毫克

腐竹
含锌 3.69 毫克

黄豆
含锌 3.34 毫克

泥鳅
含锌 2.76 毫克

鲤鱼
含锌 2.08 毫克

缺 缺乏警示

孕期缺锌，会使胎宝宝发育迟缓，大脑发育和体重增长变慢，严重的话会干扰胎宝宝中枢神经系统的发育。孕妈妈缺锌会造成子宫收缩减弱，增加分娩危险性。

特别提醒

动物性食物更易于吸收

动物性食物中的有机锌比植物性食物的无机锌更易于吸收。以谷类、蔬菜等植物性食物为主的膳食结构，食物中不仅含锌量低，而且还含有影响锌吸收和利用的纤维素和植酸盐，使锌的摄取量更显不足。因此，补锌要以动物性食物为主。

维生素 D——胎宝宝骨骼生长的促进剂

维生素D是所有具有钙化醇生物活性的类固醇的统称，是一种脂溶性维生素，其中以维生素D_2与维生素D_3最重要。维生素D可以增加钙和磷在小肠的吸收，调节钙和磷的正常代谢，维持血液中钙和磷的正常浓度，促使骨和软骨达到正常的钙化。

保证胎宝宝骨骼正常发育

为了保证胎宝宝骨骼系统的正常发育，孕妈妈孕期必须不断向胎宝宝供应维生素D和钙等营养物质。在胎宝宝骨骼快速发育的时期，孕妈妈喝牛奶的同时，也要适当地晒晒太阳。孕中期，建议孕妈妈的维生素D每日摄入量为10微克。

补维生素 D 不可过量

维生素D可以在体内蓄积，过多摄入会引起维生素D过多症，甚至发生中毒，表现为头痛、厌食、软组织钙化、肾衰竭、高血压等症状。孕期摄入过量，还会导致胎宝宝骨骼硬化，造成最终的分娩困难。因此，孕妈妈不需要刻意地补充大量维生素D。

最佳补充方案

多晒太阳，吃富含维生素D的食物，就可以补充足够的维生素D。含维生素D丰富的食物有鱼肝油、动物肝脏、蛋黄、奶类（脱脂奶除外）、鱼、虾、干蘑、白萝卜干等。还可以通过口服维生素D来补充体内所需，但要谨遵医嘱，切勿过量。

姜汁撞奶

原料：全脂鲜奶250克，姜汁20克，冰糖10克。

做法：①先将姜汁置入碗中。②将冰糖加水倒入锅中煮溶后，再加入全脂鲜奶煮至沸滚，让奶微滚3分钟。③将滚透的全脂鲜奶马上倒入置有姜汁的碗中，1分钟后即凝结成非常嫩滑的姜汁撞奶。

功效：姜汁撞奶这道甜品口感嫩滑，还能滋补身体，非常适宜孕妈妈在冬天食用。姜汁必须用老姜磨成，牛奶必须用全脂鲜奶，否则不能令奶汁凝结。

最佳食物排行榜

含维生素D丰富的食物有鱼肝油、动物肝脏、蛋黄、奶类（脱脂奶除外）、鱼、虾、干蘑、白萝卜干等。维生素D_2主要来自于植物性食品。

（每100克食材可食部分维生素 D 含量）

鱼肝油
含维生素 D (8500) 国际单位

金枪鱼罐头（油浸）
含维生素 D (232) 国际单位

奶油（脂肪含量37.6%）
含维生素 D (100) 国际单位

脱脂牛奶（罐装）
含维生素 D (88) 国际单位

炖鸡肝
含维生素 D (67) 国际单位

人造黄油煎猪肝
含维生素 D (51) 国际单位

牛奶（脂肪含量1%~3.7%）
含维生素 D (50) 国际单位

鸡蛋（煎、煮、荷包）
含维生素 D (49) 国际单位

烤羊肝
含维生素 D (23) 国际单位

煎牛肝
含维生素 D (19) 国际单位

缺乏警示

孕期缺乏维生素D，会发生骨质软化症和骨质疏松症，严重者甚至会出现骨盆畸形，影响分娩。胎宝宝缺乏维生素D，会出现骨骼钙化不足，影响牙齿发育。

特别提醒

食补之外晒晒太阳

维生素D大部分来源于人体自身皮肤的合成。这个过程中阳光里的紫外线起到了很大的作用。孕期推荐量为每日10微克，如果保证足够的日照时间，再选择以下食物中的任何一份，就不必担心缺乏维生素D了：60克鲑鱼片，50克鳗鱼，2个鸡蛋加150克蘑菇。晒太阳时间以每周2次，每次10~15分钟，不涂抹防晒霜为宜。

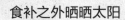

碳水化合物——胎宝宝的"热量站"

碳水化合物，通常称为糖，是人类获取能量最经济、最主要的来源，所有碳水化合物在体内被消化后，主要以葡萄糖的形式被吸收，为人体提供能量，维持心脏和神经系统的正常活动，同时节约蛋白质，还具有保肝解毒的功能。

保持合理的摄入量

碳水化合物是提供能量的重要营养素，供给不足可能会导致胎宝宝大脑发育异常。在孕早期，每日至少应摄入150克碳水化合物。到孕中、晚期时，如果每周体重增加350克，说明碳水化合物摄入量基本合理。

维持血糖平衡

孕妈妈缺乏碳水化合物，会导致无力、疲乏、血糖含量降低、头晕、心悸、脑功能障碍等，严重者会导致低血糖昏迷。孕妈妈的血糖水平若不能维持平衡，就会影响胎宝宝的正常代谢，妨碍小生命的正常生长。合理摄入，才能维持血糖平衡。

最佳补充方案

对孕妈妈来说，主食多样化更有利于营养物质的吸收。在煮米粥时加入1把小米或燕麦，做成二米粥；或者加入红豆、花生、红枣等，做成豆粥。在蒸米饭时，加入豌豆、黄豆等，做成豆饭。这些多样化的主食有利于人体对营养物质的吸收利用。

早晚养胃粥

原料：粳米50克，红枣10颗，莲子20克。

做法：①莲子用温水泡软、去心；粳米淘洗干净；红枣洗净。②三者同入锅内，加水适量，大火煮开后，小火熬煮成粥即可。

功效：本粥富含丰富的碳水化合物，养胃健脾，滋补强身，还可防治缺铁性贫血。

最佳食物排行榜

　　全谷类(水稻、小麦、玉米、高粱等)、薯类(红薯、土豆、芋头、山药)、新鲜蔬果(甘蔗、甜瓜、西瓜、香蕉、葡萄)等碳水化合物含量都很高。推荐用富含膳食纤维的全麦类食物搭配优质的蛋白质类食物(如牛奶、蛋类)作早餐,其中淀粉和蛋白质的摄取比例最好是1:1。

(每 100 克食材可食部分碳水化合物含量)

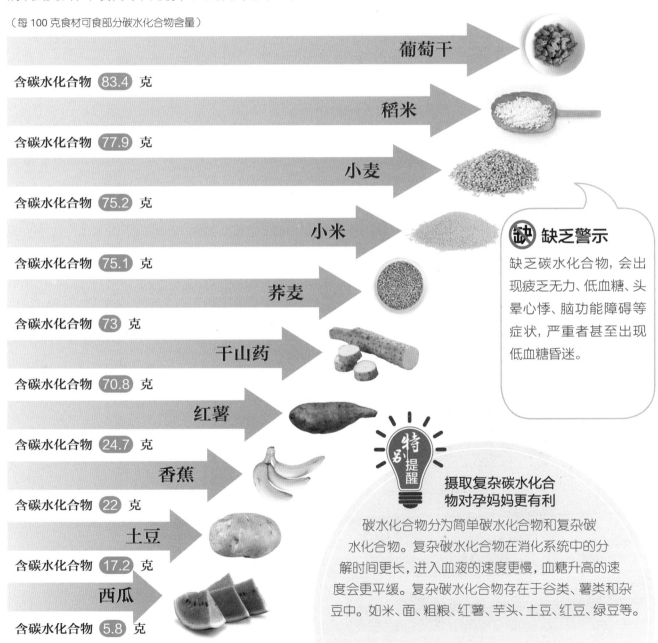

葡萄干
含碳水化合物 83.4 克

稻米
含碳水化合物 77.9 克

小麦
含碳水化合物 75.2 克

小米
含碳水化合物 75.1 克

荞麦
含碳水化合物 73 克

干山药
含碳水化合物 70.8 克

红薯
含碳水化合物 24.7 克

香蕉
含碳水化合物 22 克

土豆
含碳水化合物 17.2 克

西瓜
含碳水化合物 5.8 克

缺 缺乏警示

缺乏碳水化合物,会出现疲乏无力、低血糖、头晕心悸、脑功能障碍等症状,严重者甚至出现低血糖昏迷。

特别提醒

摄取复杂碳水化合物对孕妈妈更有利

碳水化合物分为简单碳水化合物和复杂碳水化合物。复杂碳水化合物在消化系统中的分解时间更长,进入血液的速度更慢,血糖升高的速度会更平缓。复杂碳水化合物存在于谷类、薯类和杂豆中。如米、面、粗粮、红薯、芋头、土豆、红豆、绿豆等。

蛋白质——生命细胞的首要物质

蛋白质是造就躯体的原料之一，人体的每个组织——大脑、血液、肌肉、骨骼、毛发、皮肤、内脏、神经、内分泌系统等的形成都离不开蛋白质。孕妈妈在孕期缺乏蛋白质，胎宝宝就会发育迟缓，体重过轻，甚至影响智力。

生命细胞的首要物质

怀孕之后，孕妈妈身体的变化、血液量的增加、胎宝宝的生长发育，以及孕妈妈每日活动的能量需求，都需要从食物中摄取大量蛋白质。而且，优质蛋白质可以帮胎宝宝建造胎盘，支持胎宝宝脑部发育，帮助胎宝宝合成内脏、肌肉、皮肤、血液等。

搭上主食，促进蛋白质吸收

蛋白质的补给要在碳水化合物供给充分的条件下进行。如果孕妈妈不摄入碳水化合物而仅摄入蛋白质，则大部分蛋白质都会被用来供给母体工作生活所需的热量。孕妈妈要同时吃些主食，以促进蛋白质的吸收。肉类、黄豆、米中都含有较多蛋白质。

最佳补充方案

孕早期蛋白质要求每日55克左右，孕中期每日70克左右，孕后期每日80~85克。肉类如牛肉、鸡肉、猪肉、鸭肉等都富含优质蛋白质。保证每周1~2次鱼，每天1~2个鸡蛋、250毫升牛奶和100~200克肉类的摄入量是必需要的。

🍴 虾仁豆腐

原料: 豆腐500克,虾仁100克,蛋清1个,葱丝、姜片、盐、水淀粉、香油各适量。

做法: ①将豆腐切成小方丁,开水焯一下,捞出沥干。②将虾仁处理干净,加盐、水淀粉、蛋清上浆。③将葱丝、姜片、水淀粉和香油放入小碗中,调成芡汁。④油锅烧热,放虾仁炒熟,再放入豆腐丁同炒,受热均匀后倒入调好的芡汁,迅速翻炒均匀即可。

功效: 虾仁豆腐富含蛋白质以及钙、磷等矿物质,是孕妈妈补充蛋白质和钙的营养美食。

最佳食物排行榜

奶类如牛奶，肉类如牛肉、鸡肉等，蛋类如鸡蛋、鸭蛋等，以及鱼、虾等海产品，还有豆类及豆制品，都富含蛋白质，其中以黄豆的蛋白质含量最高。此外像黑芝麻、花生、核桃、松子等食物也富含优质蛋白质。

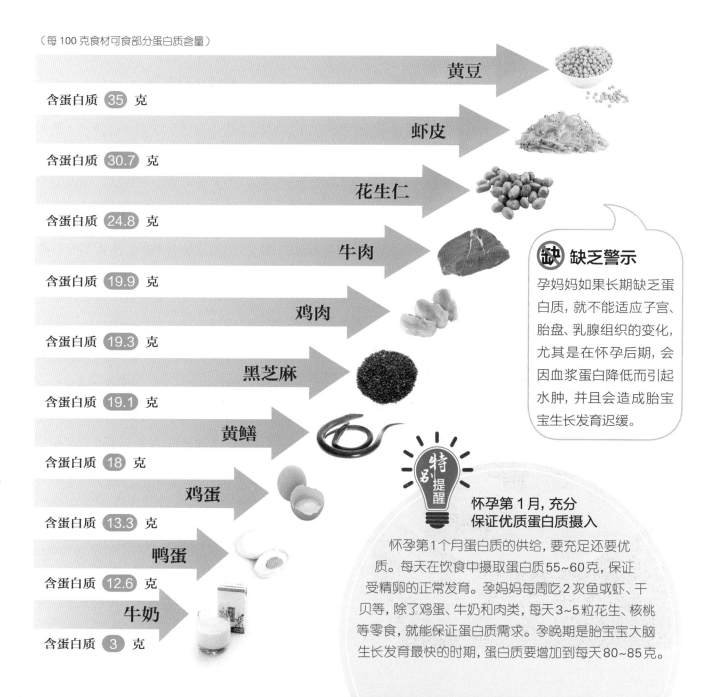

（每 100 克食材可食部分蛋白质含量）

黄豆　含蛋白质 **35** 克

虾皮　含蛋白质 **30.7** 克

花生仁　含蛋白质 **24.8** 克

牛肉　含蛋白质 **19.9** 克

鸡肉　含蛋白质 **19.3** 克

黑芝麻　含蛋白质 **19.1** 克

黄鳝　含蛋白质 **18** 克

鸡蛋　含蛋白质 **13.3** 克

鸭蛋　含蛋白质 **12.6** 克

牛奶　含蛋白质 **3** 克

缺乏警示

孕妈妈如果长期缺乏蛋白质，就不能适应子宫、胎盘、乳腺组织的变化，尤其是在怀孕后期，会因血浆蛋白降低而引起水肿，并且会造成胎宝宝生长发育迟缓。

特别提醒

怀孕第 1 月，充分保证优质蛋白质摄入

怀孕第 1 个月蛋白质的供给，要充足还要优质。每天在饮食中摄取蛋白质 55~60 克，保证受精卵的正常发育。孕妈妈每周吃 2 次鱼或虾、干贝等，除了鸡蛋、牛奶和肉类，每天 3~5 粒花生、核桃等零食，就能保证蛋白质需求。孕晚期是胎宝宝大脑生长发育最快的时期，蛋白质要增加到每天 80~85 克。

脂肪——维持正常新陈代谢

脂肪主要由甘油和脂肪酸组成。脂肪酸可分为饱和脂肪酸和不饱和脂肪酸。胎宝宝所必需的脂肪酸要由孕妈妈通过胎盘提供，用于大脑和身体其他部位的生长发育。孕期摄入的脂肪能促进脂溶性维生素的吸收，有安胎功效。

维持新陈代谢和日常活动

怀孕过程中孕妈妈必需增加足够的脂肪，才有力气维持自身的新陈代谢及日常活动。脂肪占胎宝宝脑重量的50%~60%。妊娠30周以前，母体内必须有脂肪蓄积，以便为妊娠晚期、分娩以及坐月子储备能量。因此，不要一味抗拒脂肪，应合理摄取脂肪，以保证自身和胎宝宝的健康。

每日推荐量

虽然身体内的蛋白质和碳水化合物可以转化为脂肪，但仍有一部分脂肪在体内不能合成，必须由食物供给。孕中后期，脂肪提供的能量应占总膳食供给能量的25%~30%为宜。以体重60千克的孕中后期的孕妈妈来说，每日摄入量约60克为宜（包括植物油25克和其他食物所含脂肪）。

最佳补充方案

含脂肪较多的食物，包括各种油类、奶类、肉类、蛋类、坚果类和豆类。海鱼、海虾中含有的多不饱和脂肪酸，对胎宝宝的大脑发育尤为有益。

一般来说，植物油比动物油脂更适合孕妈妈，两者要交替食用，不仅消化率在95%以上，而且能补充大量的维生素E。

鸭肉冬瓜汤

原料：鸭1只，冬瓜小半个，姜片、盐各适量。

做法：①冬瓜去皮洗净切小块。②鸭放冷水锅中大火煮约10分钟，捞出，放入汤煲内，倒入足量水大火煮开。③水开后放入姜片，略为搅拌后转小火煲1.5小时，关火前10分钟倒入冬瓜，煮软并加盐调味。

功效：鸭肉的脂肪结构非常接近橄榄油，有益于心脏健康；冬瓜有利湿消肿、清暑降压之效，二者搭配，非常适合孕妈妈食用。

最佳食物排行榜

油类如黄豆油、菜籽油、香油、猪油等，奶类、肉类、蛋类、坚果类、豆类含脂肪较多。其中植物油里的不饱和脂肪酸普遍比动物油中的多。摄入脂肪时最好是动、植物油搭配食用。

（每 100 克食材可食部分脂肪含量）

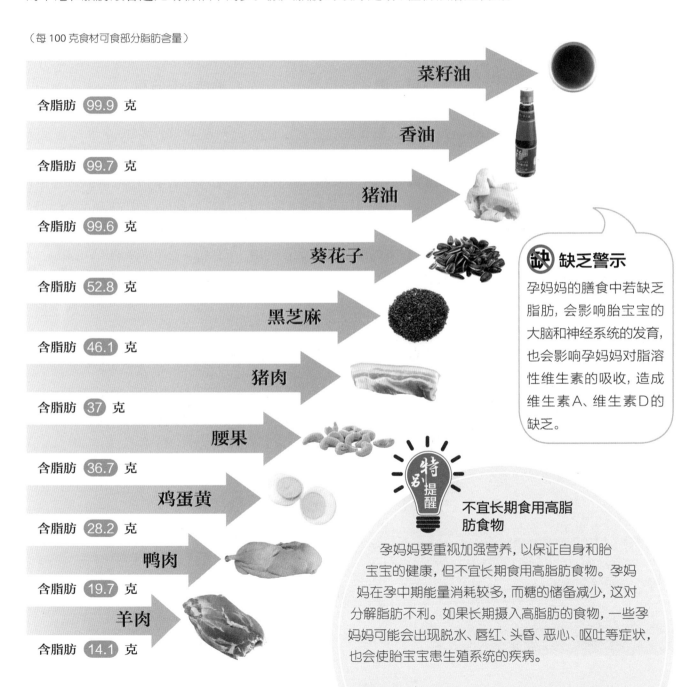

菜籽油　含脂肪 99.9 克

香油　含脂肪 99.7 克

猪油　含脂肪 99.6 克

葵花子　含脂肪 52.8 克

黑芝麻　含脂肪 46.1 克

猪肉　含脂肪 37 克

腰果　含脂肪 36.7 克

鸡蛋黄　含脂肪 28.2 克

鸭肉　含脂肪 19.7 克

羊肉　含脂肪 14.1 克

缺 缺乏警示

孕妈妈的膳食中若缺乏脂肪，会影响胎宝宝的大脑和神经系统的发育，也会影响孕妈妈对脂溶性维生素的吸收，造成维生素A、维生素D的缺乏。

特别提醒

不宜长期食用高脂肪食物

孕妈妈要重视加强营养，以保证自身和胎宝宝的健康，但不宜长期食用高脂肪食物。孕妈妈在孕中期能量消耗较多，而糖的储备减少，这对分解脂肪不利。如果长期摄入高脂肪的食物，一些孕妈妈可能会出现脱水、唇红、头昏、恶心、呕吐等症状，也会使胎宝宝患生殖系统的疾病。

膳食纤维——肠胃"清道夫"

作为肠胃的"清道夫",孕妈妈切不可小看了膳食纤维,有了它,血糖会乖乖地待在理想的位置上,消化系统会处于健康的状态,这样,孕妈妈才能为胎宝宝提供充足的营养。对于容易患便秘的孕妈妈来说,膳食纤维更是解除难言之隐的好帮手。

保持消化系统健康

膳食纤维是食物中不被人体胃肠消化酶分解消化且不被人体吸收利用的多糖和木质素,按其溶解度分为可溶性膳食纤维和不溶性膳食纤维。膳食纤维能够刺激消化液分泌,促进肠蠕动,缩短食物在肠内的通过时间,降低血胆固醇水平,还可以防治糖尿病。

每日摄入量

孕期膳食纤维每日推荐量为20~30克,超重或有便秘症状的孕妈妈则应摄入30~35克。按照日常膳食规律,建议孕妈妈每天至少吃3份蔬菜以及2份水果(相当于摄入500克菜、250克水果)。但是,过多的膳食纤维会影响维生素和微量元素的吸收。

最佳补充方案

谷类(特别是粗粮)、豆类及一些蔬菜、薯类、水果等富含膳食纤维。孕妈妈在加餐时可以多吃一些全麦面包、麦麸饼干、红薯、菠萝片、消化饼等点心,以补充膳食纤维,防治便秘和痔疮。还可以制作水果羹,补充膳食纤维的同时,起到开胃健胃作用。

🍴 银耳冬瓜汤

原料:银耳30克,冬瓜250克,鲜汤500克,盐、料酒各适量。

做法:①银耳洗净泡发去蒂;冬瓜去皮切片。②油锅烧热,放入冬瓜片煸炒,变色后,加鲜汤、盐,烧至快烂时,加银耳略煮后即可起锅,加料酒,装碗即成。

功效:银耳冬瓜汤富含膳食纤维和维生素,消渴化滞且制作简单。

最佳食物排行榜

按溶解度,膳食纤维可分为不可溶性膳食纤维和可溶性膳食纤维。前者主要存在于麦麸、坚果、蔬菜(如芹菜)中, 口感较粗糙, 可以改善肠胃功能;而后者在豆类、胡萝卜、橘子中含量丰富, 口感较细腻, 有利于餐后血糖平稳。

（每 100 克食材可食部分膳食纤维含量）

鸡腿菇 
含膳食纤维 18.8 克

黄豆 
含膳食纤维 15.5 克

茶树菇 
含膳食纤维 15.4 克

红枣 
含膳食纤维 14 克

松子 
含膳食纤维 12.4 克

小麦 
含膳食纤维 10.8 克

豌豆 
含膳食纤维 10.4 克

黑豆 
含膳食纤维 10.2 克

鱼腥草 
含膳食纤维 9.6 克

绿豆 
含膳食纤维 6.4 克

缺 缺乏警示

膳食纤维摄入量不足,会发生便秘、消化不良、内分泌失调, 甚至高脂血、高血压、心脏病等疾病, 间接使孕妈妈超重, 引发妊娠合并综合征。

特别提醒 摄入过量影响其他营养素吸收

过量食用也会产生副作用, 如摄入较多的膳食纤维, 则会有腹胀感。另外, 过多的膳食纤维将影响维生素和矿物质的吸收, 特别是钙、铁、锌等。有伤寒、急慢性肠炎的孕妈妈则更要少食。

碘——胎宝宝的智力营养素

碘是人体必需的微量元素之一，是甲状腺素中的重要成分，而甲状腺负责调节体内代谢和蛋白质、脂肪的合成与分解，并能够促进人体的生长发育，同时也是维持人体正常新陈代谢的主要物质。胎宝宝需要足够的碘来确保身体的发育。

影响胎宝宝的智力发育

碘堪称智力营养素，对胎宝宝非常重要。孕妈妈摄入的碘够不够，直接决定了将来宝宝的聪明劲儿够不够，以及宝宝的头围、身高和体重能否达到标准。因此，为了宝宝的健康和智力发育，孕妈妈要做好补碘计划。每日补碘的推荐量约200微克。

最佳补充方案

含碘丰富的食物有海带、紫菜、海蜇、海虾等海产品，如果因为妊娠反应需要忌口的话，在日常烹饪时要使用含碘食盐。食用碘盐是简单、安全、有效和经济的补碘方式，可以预防碘缺乏。由于碘是一种比较活泼、易于挥发的元素，贮存碘盐应置于干燥、不受潮和不受高温烘烤的地方。此外，烹饪时，最好在菜即将做好时再放盐。

在孕晚期，每周进食1~2次海带，就能为孕妈妈补充足够的碘。含碘食物与含 β-胡萝卜素、脂肪的食物一起食用，吸收效果更好。在吃含碘食物时，不妨吃一点胡萝卜等食物。

虾皮紫菜汤

原料：紫菜10克，鸡蛋1个，虾皮、香菜、盐、葱花、姜末、香油各适量。

做法：①虾皮、紫菜洗净，紫菜撕成小块；鸡蛋磕入碗内打散；香菜择洗干净，切成小段。②油锅烧热，用姜末炝锅，放入虾皮略炒一下，添水200毫升，烧沸后，淋入鸡蛋液，放入紫菜、香菜、盐、葱花、香油，再沸后盛出即可。

功效：紫菜和虾皮都是补碘补钙的食品，这道汤点简便易做，适合整个孕期食用。

最佳食物排行榜

　　海带、紫菜、海虾等海产品含碘丰富。碘遇热易升华，加碘食盐应存放在密闭容器中，于阴凉处保存，炒菜时在菜熟后再加入碘盐，食用海带先洗后切，都能减少碘的流失。

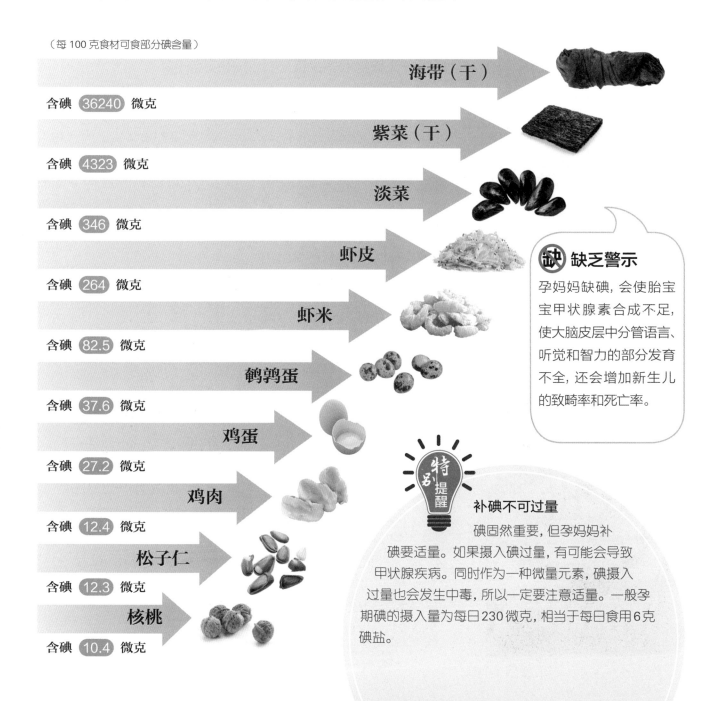

（每 100 克食材可食部分碘含量）

海带（干）
含碘 36240 微克

紫菜（干）
含碘 4323 微克

淡菜
含碘 346 微克

虾皮
含碘 264 微克

虾米
含碘 82.5 微克

鹌鹑蛋
含碘 37.6 微克

鸡蛋
含碘 27.2 微克

鸡肉
含碘 12.4 微克

松子仁
含碘 12.3 微克

核桃
含碘 10.4 微克

缺 缺乏警示

孕妈妈缺碘，会使胎宝宝甲状腺素合成不足，使大脑皮层中分管语言、听觉和智力的部分发育不全，还会增加新生儿的致畸率和死亡率。

特别提醒 补碘不可过量

　　碘固然重要，但孕妈妈补碘要适量。如果摄入碘过量，有可能会导致甲状腺疾病。同时作为一种微量元素，碘摄入过量也会发生中毒，所以一定要注意适量。一般孕期碘的摄入量为每日230微克，相当于每日食用6克碘盐。

镁——决定胎宝宝的身高体重

镁是形成骨骼的关键营养素，它参与骨骼中钙盐的代谢，与钙相互配合。换言之，孕妈妈摄取镁的数量关系到将来宝宝的身高、体重和头围的大小。

预防早产

当孕妈妈血液中的镁含量增加时，可抑制子宫平滑肌的活动，这有利于维持妊娠至足月，防止早产。德国鲁尔大学妇产医院有一项实验，给孕妈妈服适量镁盐，结果显示：怀孕38周前分娩的比例从原来的14%下降到6.5%，体重不足2500克的新生儿从原来的7.8%下降到2.8%，没有畸胎发生。

孕妈妈一天该摄取多少镁

中国营养学会建议孕妈妈每日应摄入370毫克的镁。只要平日均衡饮食，就能摄取足够的镁，不用额外补充。食物中以青菜含量丰富，葵花子油或麦芽中也含有镁。海产品、豆类、乌梅及香蕉中也含有较多的镁。当镁摄取过量时，人体会借由肾脏排泄出金属离子，所以多喝水有助代谢。

补镁吃什么

镁比较广泛地分布于各种食物中。新鲜的绿叶蔬菜、海产品、豆类、坚果都是镁较好的食物来源。在补钙的同时补充镁，还能够有效促进钙在骨骼和牙齿中的沉积，比如燕麦和牛奶搭配，可作为孕妈妈的营养早餐食用。

五仁粳米粥

原料: 粳米100克,芝麻、松子仁、桃仁、甜杏仁、核桃仁各10克。

做法: ①将芝麻、松子仁、核桃仁、桃仁(去皮、尖，炒)和甜杏仁混合碾碎。②将混合好的五仁加入淘洗净的粳米中煮成稀粥。

功效: 杏仁、芝麻、核桃仁、松子仁等坚果中均含有较丰富的镁和不饱和脂肪酸,可补益大脑,并促进骨骼发育。

缺乏警示

孕妈妈缺镁往往出现情绪不安、容易激动及妊娠高血压、水肿、蛋白尿,严重时还会发生昏迷、抽搐等症状,这对胎宝宝正常发育是极为不利的。有研究显示,给孕妈妈服用适量的镁盐能防止早产,不过必须经过医生的指导方可服用。

孕期保健品该不该吃

有了宝宝之后，传统观念里的"一人吃两人补"的想法多少会影响孕妈妈，尤其是怀孕之后还坚持工作的孕妈妈，老琢磨着是不是要吃点保健品。其实，孕妈妈该不该服用保健品，要根据具体情况来定。一般孕检之后，医生就会向孕妈妈反映身体的实际情况，给出合理的指导。如果孕妈妈的膳食结构很好，生活规律，能够坚持锻炼身体，有良好的生活方式，大部分保健品就不是必需的。

服用原则

当食物不能满足身体需求时，应当考虑服用保健品。在选择和服用补品以前，必须充分了解补品的适用范围、不良反应、有效成分和剂量，避免误服和过量服食。一些孕妈妈在每天喝两瓶牛奶的同时，还大量补充钙剂，结果补钙过多，引起胃肠道不适和结石症，还可能使胎宝宝颅骨变硬，不利于顺产。

如何选择合适的保健品

保健品虽有预防疾病的作用，但不能代替药物和正常饮食。保健品有改善人体免疫功能的作用，但不能因此忽视人体自身形成的自然免疫过程。不恰当地吃保健品，不但不会增强机体免疫力，反而会降低免疫功能。保健品应该在医生的建议和指导下服用，不可以当作普通食品。

●看产品说明

购买保健品时，要着重查看成分和含量。想侧重补钙，就应该看钙的含量是否足够。查看含量时，要考虑到自己每日从饮食中摄入的相关营养素的含量，不要滥补也不可补充不足。

●不要盲目消费

原装进口的保健品和国内产品的价格相差巨大，但维生素类产品吸收利用率的差异却不大。对于某些深海鱼油、含卵磷脂和优质蛋白的保健品，则可以考虑购买进口产品。

●并非多多益善

保健品的主要保健作用是含有人体所需的各种营养素，但营养素之间也存在着相互促进、相互协同、相互拮抗的作用。某种营养素吸收过多就会影响到其他营养素之间的平衡，影响其他营养素的吸收利用。如过多摄入锌，会抑制铁的利用及其生物学功能；而过多摄入铁，反过来又影响锌的吸收利用。

人参是大补的食品，摄入过量会干扰胎宝宝的生长发育，建议在医生的指导下服用。

第二章

孕前营养必不可少

孕妈妈孕前 3 个月开始营养计划

别忘了提前 3 个月服用叶酸

叶酸是一种水溶性 B 族维生素，是促进胎宝宝神经系统和大脑发育的重要物质。孕妈妈补充叶酸可以有效防止胎宝宝神经管畸形，还可降低胎宝宝眼、口、唇、腭、胃肠道等器官的畸形率。所以备孕女性在备孕期就应该开始补充叶酸，可以吃多些富含叶酸的食物，比如绿叶蔬菜、水果和动物肝脏等，也可以在医生的指导下买叶酸增补剂。

最好从怀孕前 3 个月开始补充叶酸，当然，有的胎宝宝不知不觉就来了，孕妈妈没来得及提前补叶酸也不要着急，如果准爸爸和孕妈妈都很健康，从知道怀孕的那一刻起补叶酸，同样有利于胎宝宝的生长发育。

素食女性的"二二一比例进餐法"

对有些人来说，吃素有很多好处，既是一种态度，也是一种生活方式。没有把怀孕提上计划之前，吃素是个人的事，但是一旦准备怀孕，好像就成了家庭的事了。婆婆、妈妈会开始利用各种手段"威逼利诱"备孕女性吃荤。那么素食备孕女性应该怎么吃呢？

所谓的"二二一比例进餐法"，即是将饮食尽量固定在两份五谷杂粮、两份蔬菜水果和一份蛋白质（如豆类等）的比例，搭配进餐。

此外，建议素食备孕女性要适量吃一些坚果，如核桃、葵花子、腰果等，能保证怀孕后胎宝宝中枢神经系统和大脑组织发育完善。

我的孕期进程:备孕

LOADING...

备孕	孕1月	孕2月	孕3月	孕4月	孕5月	孕6月	孕7月

微量元素帮助实现最佳受孕环境

巧补铁，不贫血

远离贫血安全有效的方法是食补。瘦肉、动物肝脏、蛋类、豆制品等食物都含有丰富的铁元素，食物搭配能更好的促进铁吸收。富含维生素C的蔬果，如橙子、西红柿等，搭配瘦肉、牛肉同食，能够使铁的吸收率大大提高。

补碘预防"呆小病"

碘缺乏会导致宝宝出生后生长缓慢、反应迟钝，有的甚至出现聋哑或精神失常，成年后身高不足130厘米，就是所谓的"呆小病"。目前尚无特效治疗方法，所以必须重视预防。

补锌预防先天畸形

女性如果缺锌，怀孕后胚胎发育会受到很大影响，甚至形成各种先天畸形。男性如果缺锌，会导致性欲低下，精子数量减少。为了防止缺锌，备孕夫妻必须提前半年戒酒，以免酒精增加体内锌的消耗，同时多吃含锌食物。

要备孕，豆浆只是辅助

豆浆中含有一种特殊的物质——大豆异黄酮，这和人体雌激素结构接近，容易被人体吸收，备孕女性常喝豆浆有一定的益处。

备孕女性可以将豆浆纳入日常膳食当中，但豆浆毕竟是食物，它不能取代药的作用，像多囊卵巢综合征、高雄激素血症之类引起的不孕，靠喝豆浆肯定是不行的，豆浆只能起到一定的辅助作用。

酸奶很普通，备孕时饮用益处多

有些女孩不喜欢喝牛奶和豆浆，更偏爱酸奶酸酸甜甜的口味，这对备孕也是有好处的。酸奶是由优质的牛奶经过乳酸菌发酵而成的，本质上属于牛奶的范畴，营养成分不比牛奶差，而且更易于消化和吸收。所以，备孕女性如果想喝，大可放心喝。

不过酸奶喝多了很容易导致胃酸过多，备孕女性每天喝1~2杯（200~400毫升）比较合适。喝完酸奶后要及时刷牙，因为酸奶中的某些菌种及酸性物质对牙齿有一定损害。

不能忽略的早餐

　　早餐摄取的能量应占全天摄入能量的30%。最理想的早餐时间为7~8点。从食物搭配的角度讲，早餐应该有谷类、豆制品、奶类、蛋类、肉类、蔬菜、水果等，要注意做到饮食粗细搭配、荤素搭配及干稀搭配。

午餐是"重头戏"

　　午餐摄取的能量应该占全天摄入能量的40%。最理想的午餐时间为12点。午餐要选择蛋白质含量高的肉类、鱼类、禽蛋和豆制品等，同时还需吃3种以上的蔬菜水果，保证充足的维生素、矿物质和膳食纤维。

晚餐"七八分饱"

　　晚餐摄取的能量应占全天摄入能量的30%。最理想的晚餐时间为晚上6~7点。晚餐最好有两种以上的蔬菜，主食要适量减少，适当吃些粗粮，可以少量吃点鱼类。甜点、油炸食品晚上就不要吃了。

一日食谱举例

早餐	牛奶250毫升、馒头1个、鸡蛋1个、苹果1个
午餐	米饭1碗、豆腐干炒芹菜（芹菜100克、豆腐干50克）、排骨烧油菜（排骨50克、油菜100克）、蛋花汤（鸡蛋1个、紫菜5克）
晚餐	二米饭（粳米25克、小米20克）、鲜蘑鸡片（鸡胸、鲜蘑各50克）、牡蛎炒生菜（牡蛎肉20克、生菜200克）

早餐1杯牛奶、1个鸡蛋加1拳头大的红枣馒头，就能够满足备孕女性对钙和蛋白质的营养需求。

我的孕期进程：备孕

身体和心理准备

先买本怀孕书了解一下

或许你早有准备，或许就是那么一天，你忽然从一个女人升级为一个妈妈了，这真是一个奇妙的过程。怀孕先是让你惊喜，同时可能也会带给你惶恐："天哪，我的身体里真的有一个生命？接下来我该怎么办？"你可以咨询专业医生或有经验的长辈，或已经有宝宝的闺中好友。你还可以购买专业的孕产书，直接获得专业的指导，也可以和准爸爸一起看书，共同面对接下来的生活。

停吃避孕药，改用"鸟笼"

根据最新研究表明，服用短期避孕药的女性可以在停药当月怀孕，但是服用长效口服避孕药的女性则最好在停药后6个月再怀孕。因为在停药的前几个月，卵巢的分泌功能尚未恢复正常，子宫内膜也相对薄弱，不能给受精卵提供良好的孕床。因而，至少应提前6个月停药，以代谢体内残留的药物，恢复卵巢功能和子宫内膜的周期。建议避孕的这段时间，采用安全期避孕，也可以使用避孕套或宫颈帽避孕。

调整体重，让身体做好受孕准备

体重过胖或过瘦，都会影响人体内分泌水平，从而影响受孕。而肥胖或偏瘦体质，大多是因为体内营养不均衡或缺乏锻炼。备孕女性无论是过胖或过瘦都应积极进行调整，力争达到最健康的状态，给胎宝宝一个优质的生长空间。

备孕女性应该对孕期有一个整体的了解。不妨买一本专业的孕产书，提前了解孕期将经历的事。

孕8月　　孕9月　　孕10月　　产后第1周　产后第2周　产后第3周　产后第4周　产后第5周　产后第6周

每次来月经时，在台历上勾一下

备孕女性应该保持记录月经周期的好习惯，包括每次月经的开始和结束时间、月经量、经期出现的其他症状等。"月经日历"也有助于帮助你计算月经周期，推算排卵日。

如果月经周期规律，从月经第1天算起，倒数14±2天就是排卵期。如果月经周期不规律，那么排卵期第1天=最短一次月经周期天数-18；排卵期最后一天=最长一次月经周期天数-11。

越轻松，宝宝来得越快

如果备孕女性背负较大压力，使精神始终处于紧张焦虑的状态，大脑皮层就无法正常分泌激素，就会抑制卵巢正常的排卵功能，从而使受孕成为一种奢望。备孕夫妻都要调整好心理状态，在轻松、愉快的氛围中受孕。此外，要注意不能太劳累，同时尽量避开有毒有害物质。

备孕夫妻在连续夜班、长途旅行、沉迷于夜生活、过度体力劳动、剧烈体育运动、过于集中并持久的脑力劳动等过度疲劳的状况下，均不宜受孕，应选择双方精神饱满、心情舒畅之时受孕。备孕夫妻要善于安排适宜的生活节奏，营造轻松的受孕氛围，以孕育出最健康的宝宝。

选用孕妇专用护肤品

许多化妆品都是很复杂的化学制剂，特别是美白护肤品有很高的不安全因素。有一些化妆品还能够通过皮肤吸收，进入到血液循环，让卵子受到不良的影响。备孕女性可以选用孕妇专用的护肤品，它们天然无刺激，无副作用，也有利于备孕期皮肤的洁净和保湿补水。

我的孕期进程:备孕

LOADING...

| 备孕 | 孕1月 | 孕2月 | 孕3月 | 孕4月 | 孕5月 | 孕6月 | 孕7月 |

不轻易给自己贴不孕标签

不少备孕女性一看自己两三个月还没怀上宝宝，于是急匆匆地去医院就诊。但是，不孕不育症的诊断在时间上有明确规定：夫妻未采取避孕措施，有规律地进行性生活，如果1年内未孕，才会诊断为不孕不育症。所以，暂时没怀上宝宝的备孕女性，先别急着给自己贴不孕标签，而是放松心情。只有心情好了，内分泌才能尽快恢复正常，不孕因素迎刃而解了，自然很快就能顺利怀孕。

备孕期用药禁忌

感冒用药需谨慎。轻度感冒，可以不需要用药，注意休息，多喝开水，注意保暖即可不治而愈。如果症状仍得不到改善，或者感冒较重，伴有高热，这时候就应该立即就医。

不要完全"迷信"中药。很多人孕前调理身体都会选择喝中药。其实近几年的优生遗传研究证实，部分中草药对备孕中的女性、孕期的孕妈妈和胎宝宝都有不良影响，应避免服用。

不同体质女性孕前调养

	特征	饮食原则
气虚体质	寒热耐受力差，容易出虚汗，经常感到乏力，面色萎黄，食欲缺乏	宜食益气健脾的食物，如牛肉、狗肉、鸡肉、黄鳝、葡萄等
阴虚体质	形体瘦长，经常自觉身体、面部发热，皮肤干燥，眼干鼻干，容易失眠	宜食滋阴清热的食物，如鸭肉、猪肉、莲子、山药等
阳虚体质	多白胖，肌肉不壮，手脚发凉，腰腹膝怕冷，易大便稀溏	少食生冷寒凉食物，多吃甘温益气的食物，如牛肉、羊肉、荔枝等
湿热体质	形体偏胖，面部鼻尖多出油，眼睛红赤	饮食宜清淡，如冬瓜、黄瓜、苦瓜等

孕前排毒方案

很多人在准备怀孕的时候都知道要适当增加营养，但是有一点却往往会忽略掉，那就是给身体排毒。正如我们每天都会呵护自己的皮肤一样，身体内部的环境也需要细心打理。把那些"饮食垃圾"从体内清扫出去，才能给胎宝宝一个健康的生存空间。

食物排毒

饮食调理，是比较有效、温和的排毒方法。鲜蔬果汁、海带、紫菜、韭菜、豆芽、红薯、糙米等都是很好的排毒食物。在我们提供的饮食原则基础上，备孕女性多摄入这些食物，可以帮助清除体内垃圾，排出毒素。

运动排毒

运动是排毒最原始、最有效的方法。通过运动让身体出汗，皮肤上的汗腺和皮脂腺能够排出其他器官无法解决的毒素。打算怀孕前，备孕夫妻一定要养成经常健身、运动的好习惯，最好能坚持一周让身体出汗2~3次。

推荐排毒食物与食谱

	紫菜	木耳	海带
功效	紫菜除了含有丰富的β－胡萝卜素外，还含有丰富的维生素和矿物质，可帮助排泄身体内的废物和毒素	木耳所含的植物胶质有较强的吸附力，可吸附残留在人体消化系统内的杂质，清洁血液	海带中的褐藻酸能降低肠道吸收放射性元素锶的速度，使锶排出体外，减少放射性物质对人体的伤害，并促进体内有毒元素的排出
食谱	**原料**：紫菜10克，鸡蛋1个，虾皮、香菜、盐、葱末、姜末、香油各适量 **做法**：①虾皮、紫菜均洗净，紫菜撕成小块；鸡蛋打散；香菜择洗干净，切小段。②油锅烧热，下入姜末略炸，放入虾皮略炒一下，加适量水烧沸，淋入鸡蛋液，放入紫菜、香菜、盐、葱末、香油即可	**原料**：鱼头1个，冬瓜100克，油菜50克，水发木耳80克，盐、葱段、姜片、料酒各适量 **做法**：①将鱼头洗净，抹上盐；冬瓜去皮、瓤，洗净，切片；油菜择洗干净；木耳洗净。②油锅烧热，把鱼头煎至两面金黄时，烹入料酒、盐、葱段、姜片、冬瓜，加入适量开水，大火烧沸，小火焖20分钟。③放入木耳、油菜，烧沸后即可	**原料**：粳米、海带各100克，盐适量 **做法**：①将粳米淘洗干净；海带洗净，切成小块。②锅中放入水和海带块，用大火烧开，滚煮5分钟。③锅中放入粳米和盐，搅拌均匀，煮熟即可

我的孕期进程：备孕

LOADING...

备孕	孕1月	孕2月	孕3月	孕4月	孕5月	孕6月	孕7月

孕前没注意营养，孕后怎么补

也许胎宝宝是不期而至，给了你一个意外的惊喜，令你兴奋之余又措手不及：并没有特别注意孕前营养问题。那么，也不要紧，只要从现在开始，重点关注一下饮食和营养，胎宝宝照样会健康、聪明地发育、成长。

检查自己的营养状况：按照我们之前提供的营养情况速查表，检查自己的营养情况。看一看是不是对某种营养素特别缺乏，对自己的营养情况有个大致的了解。

有针对性地调整：根据自己的营养状况，结合怀孕月数，并按照我们每个月提供的营养饮食方案，调整自己的饮食结构。

特别注意补充叶酸：如果孕前没有补充叶酸，那么现在必须开始补充。怀孕后，孕妈妈每日叶酸的摄入量应该在600~800微克之间。除了多吃一些富含叶酸的食物，如蘑菇、油菜等，每天吃1片叶酸增补剂（含400微克叶酸）就可以满足身体对叶酸的需要。

孕前补碘，储备智力营养素：备孕女性最好能检测一下尿碘水平，以判明身体是否缺碘。缺碘的备孕女性宜在医生指导下服用含碘酸钾的营养药，或者食用含碘盐及经常吃一些富含碘的食物，如紫菜、海带、海参、干贝、海蜇等，以满足体内碘需求，从而促使胎宝宝大脑得到充分发育。但如果孕妈妈不缺碘，则没必要特意补碘，定期吃些海产品就可以了。

Tips: 如果怀孕之前没有注意过这些方面，现在就马上和它们告别吧！

· 拒绝烟酒。　　· 拒绝咖啡因。　　· 拒绝辛辣食品。　　· 拒绝快餐。

备育男性孕前营养须知

备育男性也要补充叶酸

一个健康男性的精子中，有4%的精子染色体异常，而精子染色体异常可能会导致不孕、流产以及婴儿先天性愚型。男性多吃富含叶酸的食品可降低染色体异常的精子比例。精子成熟的周期长达3个月，所以备育男性和备孕女性一样，也需要提前3个月注意补充叶酸。成年男性每日膳食需保证摄入400微克的叶酸，可在医生的指导下购买规格为400微克/片的叶酸增补剂。

补锌，保证精子活力

补锌对备育男性意义重大。精子的数量和活性与锌含量呈正相关，精液中锌含量越高，精子活力越大，就有足够动力穿过卵子透明带使卵子受精；而且，缺锌可致男性性功能减退、性欲降低。因此，备育男性每天可摄入12~15毫克锌，日常海产品、动物肝脏、肉类、鱼类、豆类中都含有较为丰富的锌。

蛋白质是生成精子的重要营养成分

对备育男性来说，蛋白质是生成精子的重要营养成分。合理补充优质蛋白质，有益于协调备育男性的内分泌功能以及提高精子的数量和质量。但要注意不能摄入过量，否则容易破坏备育男性体内营养的均衡，造成维生素等多种物质的摄入不足，对生育不利。

一般情况下，蛋白质每日摄入量应控制在65~70克，也就是说，每天荤菜中有1个鸡蛋、100克鱼肉、50克畜肉或禽肉，再加1杯牛奶，就可满足身体对蛋白质的需求。

我的孕期进程:备孕

LOADING...

准爸爸饮食指导

　　有些准爸爸喜欢吃肉，往往对蔬菜水果不屑一顾，却不知道蔬菜水果中含有的大量维生素是男性生殖生理活动所必需的。如维生素A和维生素E都有延缓衰老、减慢性功能衰退的作用，还对精子的生成、提高精子的活性具有良好的效果。

　　准爸爸如果长期缺乏各类维生素，就可能有碍于性腺正常的发育和精子的生成，从而使精子减少或影响精子的正常活动能力，导致不育。切记不能随意服用各种性保健品，有些性保健产品经常服用容易导致机体受损，甚至会导致睾丸萎缩、前列腺肥大、垂体分泌失调等严重后果。

房事前不宜吃得太油腻

　　很多人喜欢在性爱前吃一顿浪漫的大餐。殊不知，性爱前摄入过多油腻食品，会极大抑制睾丸激素的分泌，影响男性的勃起功能；况且房事前不宜过饱，七八成饱即可。性爱前喝点能量饮料，能迅速补充能量，保持勃起的持久。也不妨吃点意大利通心粉、烤面包或者土豆浓汤，偏爱肉食的人，可以吃适量动物肝脏、鱼类或贝壳类食物，少吃牛肉和猪肉。最好在性爱前1~2小时进食，才不会在性爱过程中头晕恶心。

重点补充三种维生素

维生素	作用	最佳食物来源
维生素C	增加精子的数量和活力,减少精子受损的风险。每天摄取量为100毫克	木瓜、草莓、猕猴桃、柑橘类水果、绿叶蔬菜、西蓝花、土豆
维生素E	又称生育酚,可以使男性体内雄性激素水平提高,精子活力和数量显著增加。一般建议每日摄入量约14毫克。大多数人可以由饮食中摄取充足的维生素E,无需额外补充	食用油、奶油、鸡蛋、深绿色蔬菜、谷类、豆类、肉类
维生素A	是生成雄性激素所必需的物质。每天补充量为800微克	鱼肝油、动物肝脏、乳制品、蛋黄、黄色及红色水果、红黄绿色蔬菜

这些食物影响生育能力

有不少食物会影响男性的生育能力,也需要给予足够的重视。

食物	不利影响
可乐	可乐中含有较多的咖啡因、糖和磷酸,大量摄入会影响精子的生成
烧烤	烧烤食物中含有丙烯酰胺,会影响精子的生成
奶油、方便面等	含反式脂肪较多,会影响血管健康,也会影响男性激素的分泌
酒	过度饮酒会损害精子的活力,也会导致畸形精子概率增加

我的孕期进程:备孕

LOADING...

备孕	孕1月	孕2月	孕3月	孕4月	孕5月	孕6月	孕7月

身体和心理准备

有节制地进行性生活

性生活频率过高，会导致精液量减少和精子密度降低，使精子活动率和生存率显著下降。精子并没有完全发育成熟，受孕的机会自然也会大大降低。对于能够产生特异性免疫反应的备孕女性，如果频繁地接触丈夫的精液，容易激发体内产生抗精子抗体，使精子黏附堆积或行动受阻，导致不能和卵子结合。正常的性生活应为每周2~4次，而且要在双方心情愉悦的情况下进行。

提前6个月戒烟戒酒

研究表明，吸烟者正常精子数比不吸烟者的至少会少10%，且精子畸变率很高，吸烟时间越长，畸形精子越多，精子活力越低。同时，吸烟还可以引起动脉硬化等疾病，90%以上的吸烟者，阴茎血液循环不良，阴茎勃起速度减慢。而过量或长期饮酒，可加速体内睾酮的分解，导致男性血液中睾酮水平降低，出现性欲减退、精子畸形和阳痿等。酒后受孕还可能使受精卵不健全，造成胎宝宝发育迟缓。因此，为胎宝宝的健康出生，备育男性还是提前6个月戒烟戒酒吧。

可乐也戒了吧

美国科学家的研究表明，男性饮用可乐型饮料，会直接伤害精子，影响男子的生育能力。若受损的精子一旦与卵子结合，可能会导致胎宝宝畸形或先天不足。备孕女性也要少饮或不饮，因为多数可乐型饮料都含有咖啡因，过量的咖啡因对男女双方生殖细胞的健康都有不利的影响。另外，可乐的高糖含量也对健康不利，所以备孕的准爸妈都尽量不要喝。

备育男性也要控制体重

备育男性体重过胖或过瘦，都可能影响人体内分泌水平，扰乱性激素的正常产生，会使男性精子数量降低，并且使异常精子所占百分比升高。正常体重计算可参考此公式：体重指数（BMI）＝体重（千克）÷[身高（米）]^2。

经常打羽毛球，不仅能够锻炼身体，也能很好地控制体重。

避免睾丸过热

睾丸过热，会影响精子的产生，导致数量减少和质量下降。为了防止睾丸过热，备育男性最好做到以下四点：第一，不要长时间泡热水澡。第二，洗澡后20分钟内不要进行性行为。第三，不要穿紧身裤，紧身裤会使阴囊长期被挤压，温度得不到调节。第四，最好穿宽松透气的纯棉内裤。

减少出差和加班次数

一些备育男性经常出差、加班，极易导致身体疲惫，还易使身体处于亚健康的状态，从而无法为孕育宝宝提供一颗优良的"种子"。所以，备育中的男性要调整作息，尽量减少或避免加班熬夜，劳逸结合，睡好觉，保存充足的精力。

体检时别做胸透

孕育胎宝宝，优质的精子是至关重要的，因此备育男性的孕前体检必不可少。胸透对男性的精子会有一定的影响，但那需要的剂量很大，而且要直接照射在生殖器官区域，一般小剂量短时间的影响不大。但从优生优育的角度来说，正在备育的男性最好不要做胸透。

我的孕期进程:备孕

LOADING...

| 备孕 | 孕1月 | 孕2月 | 孕3月 | 孕4月 | 孕5月 | 孕6月 | 孕7月 |

主动关心照顾孕妈妈

有些男性认为怀孕是孕妈妈的事情，自己只要多赚钱就可以了。但是，孕妈妈在怀孕阶段，非常需要准爸爸的关心和照顾。如果经常出差，从备孕这段时间开始，备孕男性最好能做出调整，疲于奔波不仅不利于孕育健康宝宝，也不利于备孕期良好的夫妻关系。

孕妈妈怀孕后就更需要准爸爸的关心了。因此，准爸爸应该学会主动关心体贴孕妈妈，多细心观察，主动为孕妈妈做一些事，为她提供最大的便利和帮助。比如，帮她系鞋带、捡东西、做家务等。

相信自己完全可以成为一个好爸爸

好爸爸，首先是个好男人。对家庭的态度，要博大宽容，细心呵护。在物质生活方面，你可能不是那么富有，但不要放弃对美好生活的追求。

你可能会担心，现有的收入是否能够给孩子最好的生活；会担心还不够成熟的自己能否承担做父亲的责任；甚至会担心有了孩子后会被家庭琐事牵绊，影响事业发展。

然而你要知道，孩子最需要的其实不是优裕的物质条件，而是一个幸福稳定的家庭，一对温和慈爱的父母，这才是孩子健康快乐成长最关键的因素。教育孩子的确是一件非常有挑战性的事，教育孩子的过程同时也是父母成长的过程。有了孩子，事业发展就有了更强的动力，孩子还会让你忘却职场的疲惫。相信自己，你完全可以成为一个好爸爸。

备育男性如果工作压力较大，可以多听一些轻松的音乐放松自己的心情。

第三章

孕10月同步营养方案

孕 **1** 月

1~4 周

还是一粒小芝麻

足月的宝宝体重达3500克左右,相当于1个大南瓜的重量。

整个怀孕期间,孕妈妈增重在11.5~16千克,相当于2个西瓜的重量。

妈妈宝宝变化

孕妈妈：还未察觉

现在,孕妈妈自己可能感觉不到什么变化,还不到下一次月经时间,所以很少有人会知道自己已经怀孕,但是胎宝宝却已经在孕妈妈的子宫内安营扎寨悄悄发育了,并且已经形成了脑和脊髓。

胎宝宝：还是个小胚芽

胎宝宝真正在孕妈妈的身体里落户,可能是本月第3周才发生的事。胎宝宝是从一个受精卵的卵细胞开始发育的。受精卵在输卵管中行进4天到达子宫腔,然后在子宫腔内停留3天左右,等子宫内膜准备好了,便在那里找个合适的地方着床。此时,胎宝宝还只是一个小小的胚胎。

妈妈宝宝营养情况速查

一般来说,在怀孕的前13周体重应该没什么变化,孕期增重总量不应超过16千克。如果孕妈妈在孕前体重已经偏重,那么建议孕期的体重增加控制在12千克以内。如果超过这个标准,就需要采取相应的措施来控制体重。

体重	体重总增加量	孕期	体重增加量
怀孕前体重正常者	11.5~16千克	前3个月	共增加0~2千克
怀孕前体重稍轻者	12~18千克	4~6个月	每周增加0.35千克,共约为4.2千克
怀孕前体重超重者	7~12千克	7~10个月	每周增加0.5千克,共约为8千克

我的孕期进程:孕1月

本月胚胎发育所需营养素	蛋白质、碳水化合物、矿物质、钙、维生素C、B族维生素、脂肪 本月胚胎还是一个小小的"胚芽",长度只有1厘米左右,体重只有1克	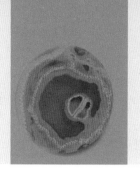	食物来源 牛奶、鱼、蛋、豆制品、水果和深色蔬菜

本月重点营养素

叶酸

胎宝宝神经管发育的关键时期在怀孕的第17~30天。此时如果叶酸摄入不足,有可能引起胎宝宝神经系统发育异常。从计划怀孕开始补充叶酸,可有效地预防胎宝宝神经管畸形。此时所需要的叶酸含量为每日400微克。

蛋白质

对于孕妈妈来说,这一时期蛋白质的供给不仅要充足还要优质,每天在饮食中应摄取蛋白质55~60克,以保证受精卵的正常发育。每周吃1~2次鱼,每天1~2个鸡蛋、250毫升牛奶和100~200克肉类的摄入是必需的。

矿物质

矿物质的补充对胎宝宝器官的早期形成很重要。孕妈妈应多吃富含矿物质的食物,例如肉类、豆类、蛋类、花生、海带、核桃等,其中所含丰富的蛋白质、碳水化合物、膳食纤维和钙、锌等矿物质,能为孕妈妈迅速补充能量。

本月营养饮食原则

专家答疑

选自己喜欢吃的

在不影响营养的情况下,孕妈妈可以选择自己喜欢吃的且有利于胎宝宝发育的食物。怀孕第1月的营养素需求与孕前没有太大变化,保持饮食规律即可。在保证一日三餐正常化的基础上,在两餐之间各安排一次加餐。

营养均衡提高抵抗力

第1个月孕妈妈往往不知道自己怀孕了,不会太关注饮食问题。其实,在准备要宝宝的时候就应该注意膳食平衡,注意营养素的补充,适量多吃新鲜水果,以提高孕妈妈的抵抗力。可在加餐时吃些坚果、水果或者酸奶等。

[?] 怀孕了,是不是吃得越多越好?

[!] 并不是这样。摄入过多的营养会增加孕妈妈胃肠道、肝脏、肾脏的负担。另外,如果某一种食物吃得过多,会影响其他食物的摄入,这样会造成营养的不均衡,不利于胎宝宝的生长发育和孕妈妈的健康。

孕妈妈一周科学食谱推荐

星期	一	二	三	四	五	六	日
早餐	肉松面包 牛奶 蔬菜沙拉	馒头 玉米粥 香芹拌豆角	芝麻糊 水煮蛋 生菜沙拉	香菇菜心面 鹌鹑蛋	豆包 燕麦南瓜粥 （92页） 水煮蛋 蔬菜沙拉	牛奶 全麦面包 芝麻酱 苹果	牛奶 面包 水煮蛋 蔬菜沙拉
午餐	米饭 什锦西蓝花 （90页） 牡蛎炒生菜	米饭 鱿鱼炒茼蒿 鸡蛋羹 凉拌土豆丝	米饭 虾仁豆腐 （58页） 紫菜汤 清炒小白菜	米饭 甜椒炒牛肉 家常焖鳜鱼 （90页）	豆腐馅饼 （91页） 冰糖藕片 拍黄瓜 棒骨海带汤	米饭 西蓝花烧 双菇 香菇山药鸡 蛋花汤	米饭 甜椒牛肉丝 素什锦 蛋花汤
晚餐	红枣鸡丝糯 米饭（91页） 家常焖鳜鱼 （90页） 凉拌土豆丝	面条 乌鸡滋补汤 （92页） 煮花生	米饭 焖牛肉 香椿芽拌 豆腐	牛肉饼 （91页） 香干芹菜 芦笋炒百合	米饭 牡蛎肉炖豆 腐白菜 胡萝卜肉丝汤	小米粥 板栗烧仔鸡 菠菜炒鸡蛋	二米粥 香菇油菜（90页） 红烧鸡块 牡蛎肉炖豆腐白菜
加餐	猕猴桃香蕉汁 （93页） 苹果 榛子	牛奶 强化营养 饼干 桃子	牛奶 粗粮饼干 核桃	莲子芋头粥 （92页） 葵花子	芒果柳橙苹 果汁（93页） 烤馒头片 水果沙拉	橙子 葡萄姜蜜茶	葡萄 松子 橙汁酸奶（93页）

孕❶月10种明星食材

苹果
增强孕妈妈的肺部功能。

红枣
有"小型维生素丸"之称，为孕妈妈补充各种维生素。

牛肉
为孕妈妈补铁养血的"肉中骄子"，可增强孕妈妈体质。

香蕉
保护肠胃的"开心果"，帮你生个聪明快乐的宝宝。

鸡蛋
富含DHA和卵磷脂，让胎宝宝更聪明。

孕1月饮食禁忌

叶酸不是越多越好

叶酸能有效预防神经管畸形和其他生理缺陷，在血红蛋白合成中也起着重要作用。但是过量摄入也会导致某些进行性的、未知的神经损害的危险增加，每日叶酸摄入量以400微克为宜，一般最多不超过1000微克。

动物肝脏不宜过量食用

动物肝脏中除含有丰富的铁外，还含有丰富的维生素A，孕妈妈适当摄入，对自身身体健康和胎宝宝发育都有好处，但是，并不意味着多多益善。孕妈妈食用动物肝脏以每周1~2次为宜，每次30~50克。

不宜贪吃冷饮

孕妈妈多吃冷饮会使胃肠道血管突然收缩，胃液分泌减少，消化功能降低，从而引起食欲不振、消化不良、腹泻等症状。另外胎宝宝对冷的刺激很敏感，孕妈妈多吃冷饮会刺激胎宝宝，使其躁动不安。

保健重点

有时怀孕症状类似感冒

妊娠后，母体激素中的孕激素大量分泌，会出现发热、乏力等类似感冒的症状。备孕女性不要马上当成普通感冒处理，可以先观察，如有必要，可以去医院请医生诊断。

验孕的3种方法

❶ 可用验孕试纸自测或去医院验血。❷ 受孕成功后，体温会比排卵前的36.5℃高0.3~0.5℃，并持续18天以上，可每天早晨醒后卧床测量体温。❸ 最早在孕5周，即可通过B超检测。

如何决定宠物的去留

做TORCH检查，如果结果显示已经感染过弓形虫，那么孕妈妈体内已经产生了抗体，就不用再担心在孕期会通过宠物感染弓形虫病了；如果结果显示从未感染过，就要格外注意了。

玉米

孕期应多吃粗粮，玉米无疑是孕妈妈的理想选择。

紫菜

含有胎宝宝大脑发育必不可少的碘元素。

牛奶

孕妈妈从日常饮食中摄取钙质的最佳来源。

核桃

补肾健脑，润肌肤，乌须发，也是为胎宝宝补脑的佳果。

丝瓜

安胎、健脑的佳品。

营养菜品

菜 什锦西蓝花

原料:西蓝花、菜花各100克,胡萝卜50克,盐、白糖、醋、香油各适量。

做法:①西蓝花和菜花洗净切成小朵;胡萝卜洗净去皮、切片。②将全部蔬菜放入锅中焯熟透,盛盘;加盐、白糖、醋、香油拌匀即可。

功效:此菜富含的维生素、铁、钙、叶酸等可保证胎宝宝的健康。

食材可替换 西蓝花还可以与木耳、彩椒一起凉拌食用,是胃口不佳的孕妈妈的良好选择。

菜 香菇油菜

原料:油菜250克,香菇6朵,盐适量。

做法:①油菜洗净,切段,梗叶分置;香菇泡开去尽泥沙去蒂,切十字刀。②油锅烧热,放油菜梗,炒至六七成熟,再下油菜叶同炒几下。③放入香菇和适量水,烧至菜梗软烂,加入盐调匀即成。

功效:油菜中维生素C含量很高,香菇富含B族维生素、铁、钾。此菜可增强孕妈妈的免疫力。

食材可替换 香菇油菜里还可以加点肉末,营养更均衡。

菜 家常焖鳜鱼

原料:鳜鱼1条,盐、葱末、姜末、蒜末、水淀粉各适量。

做法:①鳜鱼宰杀,洗净,在鱼身两侧划月牙形刀纹,用盐腌20分钟。②油锅烧至四成热,放入鳜鱼,两面略煎后取出。③另起油锅,下葱末、姜末、蒜末煸香,放入鳜鱼和适量水,小火煨熟,用水淀粉勾芡,最后加盐调味即成。

功效:鳜鱼含有蛋白质、脂肪、钙、钾、镁、硒等,且易消化,肠胃不佳的孕妈妈也可放心食用。

食材可替换 鳜鱼处理干净后,入油锅煎香,然后加水煮汤喝,适合身体虚弱的孕妈妈食用。

我的孕期进程:孕1月

LOADING...

花样主食

主食 牛肉饼

原料:牛肉馅250克,鸡蛋1个,葱末、姜末、料酒、盐、香油各适量。

做法:①牛肉馅中加入葱末、姜末、料酒、油、盐、香油,搅拌均匀,打入鸡蛋搅匀。②将肉馅摊平呈饼状,用少许油煎熟,或上屉蒸熟,也可以用微波炉大火加热5~10分钟至熟。

功效:牛肉的蛋白质含量较高,孕妈妈常吃牛肉可以促进胎宝宝的生长发育。

食材可替换 牛肉馅中加些胡萝卜、洋葱,做成饺子馅包饺子吃,可以使孕妈妈获得更全面的营养。

主食 豆腐馅饼

原料:豆腐250克,面粉150克,白菜100克,姜末、葱末、盐各适量。

做法:①豆腐抓碎;白菜切碎,挤去水分;豆腐、白菜加入姜末、葱末、盐调成馅。②面粉制成面团,分成10等份,包入馅料。③平底锅烧热下适量油,将馅饼煎至两面金黄。

功效:豆腐含丰富的植物蛋白和钙,适合孕期食用。

食材可替换 豆腐可以用猪肉代替,猪肉白菜馅的馅饼,吃起来更香。

主食 红枣鸡丝糯米饭

原料:红枣8颗,鸡肉100克,糯米150克。

做法:①鸡肉洗净,切丝;红枣洗净;糯米洗净,浸泡2小时。②将糯米、鸡肉丝、红枣放入碗中,加适量水,隔水蒸熟即可。

功效:红枣富含碳水化合物、矿物质、维生素等营养元素,能补气血、增进食欲。

食材可替换 鸡肉可以与蔬菜一起炒食,也可以用整只鸡来炖汤,食用时吃肉喝汤,增强孕妈妈的体质。

美味汤粥

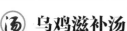 乌鸡滋补汤

原料: 乌鸡1只,山药250克,红枣6颗,枸杞子、料酒、姜片、盐各适量。

做法: ①乌鸡洗净,去内脏;山药洗净,去皮,切片;红枣洗净。②将乌鸡放入锅中,加入适量水,大火煮沸,撇去浮沫。③加入山药、红枣、枸杞子、料酒和适量姜片,转小火炖至鸡肉烂熟,加盐调味即可。

功效: 乌鸡中蛋白质含量高,氨基酸种类齐全,还富含维生素与微量元素,胆固醇含量又特别低,是孕妈妈理想的营养补品。

食材可替换 如果不喜欢吃乌鸡,也可以用母鸡炖汤喝,其肉质细嫩,汤味醇香,具有补虚强身的作用。

莲子芋头粥

原料: 糯米50克,莲子、芋头各30克,白糖适量。

做法: ①将糯米洗净;芋头洗净,切小丁;莲子泡软。②将莲子、糯米、芋头一起放入锅中,加适量水同煮,粥熟后加入白糖调味即可。

功效: 莲子营养丰富,适合孕早期食用,可增加营养,预防流产。但便秘的孕妈妈不宜多吃莲子芋头粥。

食材可替换 莲子除了可以添加在粥中外,打米糊时,也可以加些莲子,会使米糊清香四溢。

燕麦南瓜粥

原料: 燕麦50克,粳米150克,南瓜100克。

做法: ①南瓜洗净削皮,切小块;粳米洗净,加水浸泡半小时。②粳米放入锅中,加适量水,大火煮沸,改用小火煮20分钟。③放入南瓜块,小火煮10分钟;放燕麦,小火煮至米烂瓜熟。

功效: 燕麦富含维生素、矿物质及膳食纤维,同时含有一种燕麦精,具有谷类的特有香味,能刺激食欲,特别适合孕吐时期食用。

食材可替换 不吃燕麦的孕妈妈,可以用糙米代替,糙米中富含B族维生素,能有效维护孕妈妈全身机能。

我的孕期进程: 孕1月

LOADING...

| 备孕 | 孕1月 | 孕2月 | 孕3月 | 孕4月 | 孕5月 | 孕6月 | 孕7月 |

健康饮品

 橙汁酸奶

原料: 鲜橙1个, 酸奶200毫升, 蜂蜜适量。

做法: ①将鲜橙去皮, 榨成汁。②与酸奶、蜂蜜搅拌均匀即可。

功效: 新鲜橙子中维生素C含量较高, 有很好的健脾开胃的效果。

食材可替换 还可以用橘子、柠檬等柑橘类水果单独榨汁喝, 特别适合孕妈妈在冬春季节饮用。

饮 芒果柳橙苹果汁

原料: 芒果1/2个, 苹果1/2个, 柳橙1个, 蜂蜜适量。

做法: ①芒果去皮, 取芒果果肉。②将苹果和柳橙肉切块, 与芒果肉块一同放入榨汁机中。③加入150毫升纯净水, 搅拌30秒左右。④搅拌完毕后, 加入蜂蜜即可饮用。

功效: 芒果、柳橙、苹果这3种水果都含有丰富的维生素和叶酸, 常喝此饮品, 能使胎宝宝更健康。

食材可替换 还可以用火龙果榨汁喝, 具有很好的通便作用, 而且糖分也不太高, 适合所有孕妈妈饮用。

饮 猕猴桃香蕉汁

原料: 猕猴桃2个, 香蕉1根, 蜂蜜适量。

做法: ①将猕猴桃和香蕉去皮, 切成块。②把猕猴桃和香蕉果肉放入榨汁机中, 加入凉开水搅打, 倒出。③加入适量蜂蜜调匀即可。

功效: 孕妈妈常吃猕猴桃有助于促进消化、防止便秘, 快速清除体内有害代谢物。

食材可替换 孕妈妈还可以用苹果、梨、西红柿等制作自己喜欢的蔬果汁作为早餐, 补充一天所需的维生素。

孕 **2** 月

5~8 周
晶莹的葡萄在腹中闪亮

胎宝宝现在的重量相当于1颗小葡萄的重量，现在胎宝宝已经进入全面发育阶段。

有的孕妈妈体重不增反降，这很可能是由孕吐导致的。有的孕妈妈体重会略微增长，但一般不会超过1千克，相当于3~4个中型苹果的重量。

妈妈宝宝变化

孕妈妈：出现妊娠反应

多数孕妈妈开始出现恶心、呕吐、食欲不振等妊娠反应，子宫增大到鹅蛋般大小，阴道分泌物增多，乳房增大明显，乳头变得更为敏感。由于孕期激素以及子宫增大的原因，导致孕妈妈小便频繁。孕妈妈的神经会变得很敏锐，常常感觉疲劳、困倦，经常受急躁、不安、忧郁、烦闷等情绪困扰。

胎宝宝：忙碌地发育

这个月胎宝宝只能被叫作"胚芽"，长3厘米左右，重约4克，看上去像颗晶莹的小葡萄。外表已经能够分辨出头、身、手、脚。第6周，胎宝宝的小心脏就开始跳动了，心脏、血管开始向全身输送血液。从这个月起，保护胎宝宝的羊水开始生成，脐带和胎盘开始发育。

妈妈宝宝营养情况速查

怀孕头三个月体重平均增长0~2千克，如果孕吐严重不能正常进食，要想办法保证营养的摄入，不能想当然地认为自己应该大量进食。以体重的变化来求证胎宝宝的健康，是不可取的。

> **Tips：不必从现在开始就进补**
>
> 有的孕妈妈知道自己怀孕之后，为了让胎宝宝"吃"得更好，马上就开始进补。其实，现在胎宝宝还很小，对营养需求也不大，孕妈妈只要维持正常饮食，保证质量就可以了。

我的孕期进程：孕2月

LOADING...

| 备孕 | 孕1月 | 孕2月 | 孕3月 | 孕4月 | 孕5月 | 孕6月 | 孕7月 |

本月胚胎发育所需营养素	脂肪、碳水化合物、碘、锌、蛋白质、钙、铁、铜、维生素C和维生素D 本月第5周胎宝宝神经系统和循环系统开始分化，第7周面部器官开始发育	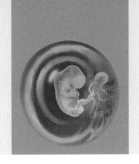	**食物来源** 牛奶、鱼、蛋、动物内脏和红绿色蔬菜

本月重点营养素

碳水化合物和脂肪

碳水化合物及脂肪是为人体提供能量的重要物质，可以防止孕妈妈因低血糖造成的晕倒和意外。这个月如果实在不愿吃脂肪类食物，就不必强求自己，只要孕前做好了充分的营养摄入，此时大可不必担心营养不足。

碘

如果孕期缺碘，有可能使宝宝患上"呆小病"。虽然现在已提倡食用碘盐，但孕期对碘的需要量大，饮食中仍然不能忽视。孕期碘的摄入量应为每日230微克左右，孕妈妈若能每周食用1~2次海鱼，即可满足身体对碘的需求量。

锌

锌缺乏，会对胎宝宝造成神经系统发育障碍。为此，孕妈妈在均衡饮食的同时，需要适当吃一些动物内脏、蛋类、葵花子、花生、松子等富含锌元素的食物。中国营养学会建议，孕期锌的摄入量以每日20毫克为宜。

本月营养饮食原则

克服孕吐，能吃就吃

恶心、呕吐等早孕反应让孕妈妈觉得吃什么都不香，甚至吃了就吐。这种情况下，孕妈妈不用刻意让自己多吃些什么，只要根据自己的口味选择喜欢吃的食物就可以了。少吃多餐，能吃就吃，是这个时期饮食主要原则。

不宜挑食偏食

如果孕妈妈怀孕时胃口不好、挑食偏食，那么将来宝宝也会表现出没有胃口、消化吸收不良等症状，甚至还会出现明显的偏食。因此为了将来宝宝有一个良好的饮食习惯，孕妈妈要以身作则，起到表率的作用。

 专家答疑

？怀孕后为什么唾液增多?

！ 孕妈妈的体内新陈代谢和血液循环加速，或出现消化不良、恶心呕吐和胃胀气等状况，都会刺激口中的腺体加速分泌唾液。这时孕妈妈要放松心情，少吃过甜或过酸的食物，保持口腔卫生，有助于减少唾液分泌。

孕妈妈一周科学食谱推荐

星期	一	二	三	四	五	六	日
早餐	馒头 小米粥 小葱拌豆腐 鲜柠檬汁	牛奶 三明治 香蕉	八宝粥 鸡蛋 凉拌黄瓜	芝麻烧饼 豆浆 水果沙拉	花卷 西红柿炒 鸡蛋 芝麻拌菠菜	炒鸡蛋 五谷粥 小葱拌豆腐	牛肉粥 鸡蛋 苹果
午餐	黑豆饭 什锦烧豆腐 山药羊肉汤 土豆烧牛肉 (107页)	米饭 鱿鱼炒茼蒿 鸡蛋羹 凉拌土豆丝	米饭 西红柿炖牛腩 蛋黄莲子汤 红烧茄子	米饭 虾仁豆腐 (58页) 家常焖鳜鱼 (90页)	豆腐馅饼 (91页) 熘肝尖 凉拌黄瓜 棒骨海带汤	黑豆饭 西蓝花烧双菇 香菇山药鸡 蛋花汤	米饭 甜椒炒牛肉 醋熘豆芽 蛋花汤
晚餐	西红柿鸡蛋面 香菇豆腐塔 (122页) 抓炒鱼片	米饭 海带排骨汤 芦笋炒百合	米饭 芝麻圆白菜 (173页) 乌鸡滋补汤 (92页)	面条 菜心炒牛肉 (98页) 木耳油菜	馒头 干煎带鱼 紫菜汤 凉拌西红柿	花卷 虾仁粥 炖排骨 蔬菜沙拉	香菇肉粥 清蒸鱼 猪血炒菠菜
加餐	黄豆芝麻粥 苹果 葵花子	牛奶 蛋糕 菠萝	酸奶拌水果 (101页) 开心果	红枣花生蜂 蜜汤 榛子	苹果玉米汤 水果沙拉	橘子 花生 甘蔗姜汁	草莓 松子 生姜橘皮饮

孕❷月10种明星食材

西红柿
缓解孕吐的得力助手。 1

鱼
将充足的营养物质运输给胎宝宝。 2

香蕉
保证胎宝宝神经管正常发育。(腹泻的孕妈妈不宜吃) 3

花生
对胎宝宝大脑发育十分有好处。 4

芝麻
对孕妈妈有很好的调节和保健作用。 5

孕 2 月饮食禁忌

不宜过量吃菠菜

菠菜含有丰富的叶酸，而叶酸的最大功能是保护胎宝宝免受脊柱裂、脑积水、无脑等神经系统畸形之害。菠菜富含的 B 族维生素还可防止孕妈妈盆腔感染、精神抑郁、失眠等常见的孕期并发症。但菠菜含草酸也多，草酸可干扰人体对钙、铁、锌等矿物质的吸收，会对孕妈妈和胎宝宝的健康带来损害。如果缺锌，会令人食欲不振、味觉下降；如果缺钙，可能发生佝偻病，出现鸡胸、"O" 形腿，以及牙齿生长缓慢等现象。孕妈妈在食用菠菜前最好将其放入开水中焯一下。

不要强迫自己进食

尽量避免食用觉得恶心的食物，不管什么食物，多少吃进去一点，但是不要想着为胎宝宝补充营养而强迫自己进食，这样只会适得其反。如果实在吃不下东西，必要时可到医院就诊，在医生指导下服用营养补充剂。

保健重点

止吐的运动疗法

适当的运动，不仅可以锻炼身体，改善心情，还能减轻早孕反应。如果因为害怕当众呕吐就拒绝出门，心情很可能会更加烦闷，食欲也会变差。所以孕吐的孕妈妈还是出去走走吧。

挑选内裤要格外用心

怀孕期间，孕妈妈阴道分泌物增加，白带来得很勤快。为了保持阴道清洁，要经常用温开水冲洗外阴。还要选择面料柔软、透气、吸汗的内裤，最好是棉质的，不容易引起过敏。

保持情绪稳定和心态平和

怀孕 2 个月左右，胎宝宝能够敏锐地感受到妈妈的舒适与不快。如果这时候孕妈妈情绪不稳定，宝宝出生后的脾气可能也会变得暴躁和容易紧张。所以孕妈妈要学会疏导自己的情绪。

核桃
使胎宝宝脑部、视网膜、皮肤和肾功能发育健全。

黄豆
富含人体必需的氨基酸和磷脂。

苹果
改善便秘，缓解孕吐。

瘦肉
补充足够的铁。

鹌鹑蛋
对胎宝宝有健脑的功效。

营养菜品

菜 虾酱蒸鸡翅

原料:鸡翅中6只,虾酱、葱段、姜片、酱油、料酒、盐、白糖各适量。

做法:①洗净鸡翅中,在鸡翅中上划几刀,用酱油、料酒和盐腌制15分钟。②将腌好的鸡翅中放入一个较深容器中,加入虾酱、姜片、白糖和盐拌匀,盖上盖。③将鸡翅中放进微波炉大火蒸8分钟,取出加入葱段,再放入微波炉中大火蒸2分钟。

功效:鸡翅中含有的脂肪酸可为胎宝宝发育提供营养素。

食材可替换 也可以用鸡蛋代替鸡翅中,加些虾酱和葱花搅匀,入油锅炒熟。

菜 菜心炒牛肉

原料:牛肉250克,菜心6棵,蛋清1个、姜末、葱末、蒜末、蚝油、料酒、盐、白糖、干淀粉各适量。

做法:①菜心洗净切段;牛肉切丝,加蛋清、盐、蚝油、料酒、干淀粉腌制。②牛肉下油锅滑熟,捞出。③油锅烧热,炒香葱末、姜末、蒜末,将菜心下锅炒,变色后放入牛肉丝,加盐、白糖调味。

功效:牛肉富含的蛋白质和铁、锌可促进胎宝宝的生长,提高孕妈妈的抗病能力。

食材可替换 牛肉丝与莴苣丝一起炒,味道清香,莴苣脆嫩,是一道不油腻的菜品。

菜 丝瓜虾仁

原料:丝瓜100克,虾仁200克,姜片、葱段、生抽、水淀粉、盐、香油各适量。

做法:①虾仁去虾线洗净,用盐、生抽、水淀粉腌5分钟;丝瓜洗净去皮切块。②虾仁过油,盛出。③用葱段、姜片炝锅,下丝瓜炒软,下虾仁翻炒,用盐和香油调味。

功效:这道菜富含蛋白质、碘等营养成分,可促进胎宝宝发育。

食材可替换 丝瓜还可做汤,加些虾皮或紫菜,补碘效果好。

我的孕期进程:孕2月

LOADING...

| 备孕 | 孕1月 | 孕2月 | 孕3月 | 孕4月 | 孕5月 | 孕6月 | 孕7月 |

花样主食

 **南瓜牛腩饭**

原料: 牛肉150克,熟米饭1碗,南瓜1块,葱花、高汤、盐各适量。

做法: ①牛肉、南瓜分别洗净,切丁。②将牛肉放入锅中,用高汤煮至八成熟,加入南瓜、盐,煮至全部熟软,浇在熟米饭上,撒上葱花即可。

功效: 此菜清淡可口、营养丰富,肉香中混合着南瓜淡淡的甜香,非常适合胃口不佳的孕妈妈食用。

食材可替换 牛肉可以用鸡肉代替。鸡肉肉质细嫩,容易消化,孕妈妈常吃鸡肉,可以强健身体,补铁补血。

奶酪手卷

原料: 紫菜和奶酪各1片,熟糯米、生菜、西红柿、沙拉酱各适量。

做法: ①生菜洗净;西红柿洗净切片。②铺好紫菜,再将熟糯米、奶酪、生菜、西红柿依序摆上,淋上沙拉酱并卷起切片即可。

功效: 紫菜中含碘,奶酪中钙含量较高,糯米中碳水化合物含量丰富,此菜能满足孕妈妈的身体所需。

食材可替换 其中的蔬菜也可以替换为黄瓜片、胡萝卜片等。

咸蛋黄炒饭

原料: 米饭100克,咸蛋黄半个、盐、蒜苗、葱末、肉松各适量。

做法: ①蒜苗洗净、去根、切末;咸蛋黄切丁备用。②油锅烧热,爆香葱末,放入咸蛋黄及蒜苗拌炒,加入米饭及盐炒匀,盛入盘中,撒上肉松即可。

功效: 此饭健脑补钙,味道咸香,其中富含的碳水化合物可以为孕妈妈补充能量。

食材可替换 炒米饭时还可以加一些豌豆丁、胡萝卜丁、土豆丁、肉丁等,营养更全面。

美味汤粥

粥 牛奶核桃粥

原料：粳米200克，鲜牛奶250毫升，核桃仁、白糖各适量。

做法：①粳米淘洗干净，放入锅中，加适量水，放入核桃仁，中火熬煮3分钟。②倒入鲜牛奶，沸腾之后即可，食用时根据个人口味加入白糖。

功效：鲜牛奶是钙的最佳来源，核桃仁富含钙、磷、钾、磷脂等，二者搭配，营养丰富全面，是孕妈妈的滋补佳品。

食材可替换 用粳米煮粥时，也可加一些水果丁，这样口感更好，能使孕吐严重的孕妈妈保持一个好胃口。

粥 苹果葡萄干粥

原料：粳米50克，苹果1个，葡萄干20克，蜂蜜适量。

做法：①粳米洗净沥干，备用；苹果洗净去皮，切成小方丁，立即放入加水的锅中，以免氧化后变成褐色。②锅内再放入粳米，加适量水大火煮沸，改用小火熬煮40分钟。食用时加入蜂蜜、葡萄干搅匀即可。

功效：苹果含丰富的有机酸及膳食纤维，可缓解孕期便秘。

食材可替换 苹果榨汁，可预防妊娠高血压，与面包、鸡蛋搭配做早餐，可保持充沛的体力和精力。

粥 平菇小米粥

原料：粳米50克，小米100克，平菇40克，盐适量。

做法：①平菇洗净，焯烫后切片。②粳米、小米分别淘净沥干。③锅中加适量冷水，放入粳米、小米，大火烧沸，改小火熬煮至粥稠，加入平菇拌匀，煮熟后加盐调味。

功效：粳米、小米粗细搭配，营养互补；平菇可改善人体新陈代谢、增强体质，这款粥品非常适宜孕妈妈食用。

食材可替换 不喜欢咸味粥的孕妈妈，可以不加盐和平菇，放一些白菜叶在米粥中，健胃又暖胃。

我的孕期进程：孕2月

LOADING...

备孕　孕1月　孕2月　孕3月　孕4月　孕5月　孕6月　孕7月

健康饮品

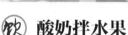 **酸奶拌水果**

原料: 酸奶200毫升, 香蕉、草莓、苹果、梨各取适量。

做法: ①香蕉去皮, 草莓洗净、去蒂, 苹果、梨洗净, 去核, 均切成1厘米见方的小块。②将水果盛入碗内再倒入新鲜酸奶, 以没过水果为好, 拌匀即可。

功效: 酸奶拌水果味道酸甜可口, 清爽宜人, 能增强消化能力, 促进食欲, 适合胃口不佳的孕妈妈食用, 也可以作为正餐前的点心。

食材可替换 酸奶可以用不同口味的沙拉酱代替, 但一定要控制沙拉酱的用量, 不能过多。

五谷豆浆

原料: 黄豆40克, 粳米、小米、小麦仁、玉米渣各10克, 白糖适量。

做法: ① 黄豆洗净, 水中浸泡10~12小时。②粳米、小米、小麦仁、玉米渣和泡好的黄豆放入全自动豆浆机中, 加水至上下水位线间, 接通电源, 按 "豆浆" 键。③待豆浆制作完成后过滤, 加白糖调味。

功效: 五谷豆浆中富含膳食纤维, 有预防便秘的作用。

食材可替换 把几种食材一同打磨成粉, 然后做成饼或馒头, 就成了一道营养丰富的主食。

鲜奶炖木瓜雪梨

原料: 鲜牛奶250毫升, 梨100克, 木瓜150克, 蜂蜜适量。

做法: ①梨、木瓜分别用水洗净, 去皮, 去核(瓤), 切块。②梨、木瓜放入炖盅内, 加入鲜牛奶和适量水, 盖好盖, 先用大火烧开, 改用小火炖至梨、木瓜软烂, 加入蜂蜜调味即可。

功效: 木瓜中维生素含量丰富, 孕妈妈常吃既能提高免疫力, 又能美容养颜。

食材可替换 也可以将冰糖熬化, 然后放入梨块和木瓜块, 就成了甘甜的美味。

9~12 周
子宫像一个温暖的橙子

本月胎宝宝身长达到9厘米，体重约20克，相当于2颗中型草莓的重量。

本月孕妈妈无论胖瘦，体重增长（与孕前相比）都不应超过2千克，相当于1个中型哈密瓜的重量。

妈妈宝宝变化

孕妈妈：妊娠反应更激烈

这个月末，孕妈妈的子宫变得有拳头般大小，看上去像个橙子，已经开始压迫膀胱，造成孕妈妈尿频。胀大的子宫拉扯身体两侧的韧带，会引起腰酸背痛。孕妈妈的乳房更加膨胀，在乳晕、乳头上开始有色素沉着，颜色发黑。这个时期的妊娠反应较之前更为明显。

胎宝宝：能够区分性别了

这个月胎宝宝的各种器官均已出现，神经管开始连接大脑和脊髓，心脏开始分成心房和心室，心跳很快，每分钟可达150次，是孕妈妈的2倍。泡在羊水里的胎宝宝，身上的小尾巴完全消失了，五官形状清晰可辨，还能够区分性别了。

妈妈宝宝营养情况速查

这个月，孕妈妈的外形不会有明显改变，增加的体重可能连自己也不易察觉，也有些孕妈妈到了第3个月体重非但没有增加，反而出现了下降的趋势。这时候可能让体重下降的原因有很多。

一方面，如果怀孕前体重较重，此时体重增加的可能就会较少。另一方面，孕早期的食欲不振和孕吐，致使孕早期体重轻度下降也是常见的现象。

> **Tips**：体重剧变要当心
>
> 如果孕妈妈的体重突然发生剧烈的变化，比如一个月内下降或增加了5千克，那就一定要立刻告诉医生，查明原因并采取措施。

我的孕期进程：孕3月

LOADING...

备孕　　孕1月　　孕2月　　孕3月　　孕4月　　孕5月　　孕6月　　孕7月

本月胚胎发育所需营养素	镁、钙、磷、铜、脂肪、膳食纤维、蛋白质、维生素A 和维生素E 第9周，胎宝宝上肢和下肢的末端出现了手和脚；第12周，脑细胞增殖，肌肉中的神经开始分布	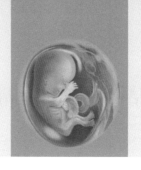	食物来源 蛋、牛奶、乳酪、鱼、黄绿色蔬菜、坚果

本月重点营养素

膳食纤维

怀孕后胃酸会减少，胃肠蠕动缓慢，很多孕妈妈都受到便秘的困扰。膳食纤维有刺激消化液分泌、促进肠蠕动、缩短食物在消化道通过的时间等作用，是改善便秘的得力助手。每天摄入500克蔬菜、250克水果即可。

维生素 E

孕期维持维生素E的足量摄取有助于安胎保健。虽然维生素E对孕妈妈很重要，但是日常饮食足以满足孕期每日14微克的需要，无需特意补充。植物油、坚果和葵花子都含有维生素E，没有医生的建议，不必额外补充。

镁

怀孕最初3个月，孕妈妈摄取镁的数量关系到新生儿身高、体重和头围的大小。另外，有些孕妈妈小腿抽筋，建议摄入足够的镁来促进钙的吸收。孕妈妈每星期可吃2~3次花生，每次25克左右，即可满足需要。

本月营养饮食原则

饮食宜清淡

由于妊娠反应加重，孕妈妈饮食宜清淡，多吃些蛋类、牛奶、鱼、蔬菜、水果等食物，还应粗细粮搭配。既促进了食欲，满足了孕妈妈的营养需求，又为胎宝宝的大脑发育提供了物质基础。适当的体育锻炼也能促进孕妈妈的食欲。

多吃含必需脂肪酸的食物

本月是胎宝宝脑细胞发育处于非常活跃的时期，而妊娠3~6个月是脑细胞迅速增殖的第一阶段，称为"脑迅速增长期"。此时，孕妈妈应该摄取大量有益于大脑发育的必需脂肪酸，含必需脂肪酸丰富的食物有核桃、葵花子等坚果。

孕8月　　孕9月　　孕10月　　产后第1周　　产后第2周　　产后第3周　　产后第4周　　产后第5周　　产后第6周

孕妈妈一周科学食谱推荐

星期	一	二	三	四	五	六	日
早餐	芝麻糊 鸡蛋 生菜沙拉	肉蛋羹(52页) 香芹拌豆角 牛奶	蛋炒饭 牛奶 凉拌西红柿	牛奶 面包 干丝拌豆腐	红薯小米粥 鸡蛋 小黄瓜	牛奶核桃粥 (100页) 鹌鹑蛋 甘蔗姜汁	酸奶 粗粮面包 凉拌芹菜叶
午餐	五谷饭 牛奶浸白菜 盐水鸡肝	豆腐馅饼 (91页) 熘肝尖 银耳拌豆芽 棒骨海带汤	米饭 凉拌海带 虾仁豆腐 (58页) 鸭肉冬瓜汤	米饭 白切鸡 炒菠菜	米饭 鸡蛋羹 鱿鱼炒茼蒿 凉拌土豆丝	南瓜饼 西蓝花烧双菇 甜椒炒牛肉 蛋花汤	米饭 香菇炒菜花 酱排骨 鸡血豆腐汤
晚餐	花卷 西红柿炖牛腩 虾皮紫菜汤 (64页)	馒头 干煎带鱼 鸭血豆腐汤 凉拌黄瓜	米饭 肉末炒芹菜 拔丝香蕉 (122页) 猪腰枸杞子汤	米饭 清蒸鲈鱼 丝瓜虾仁 奶酪蛋汤	米饭 海带排骨汤 牡蛎炒生菜	花卷 虾仁粥 金针菇拌肚丝 木耳油菜	香菇肉粥 抓炒鱼片 西芹百合炒肉
加餐	牛奶 麦麸饼干 开心果	橙汁酸奶 (93页) 全麦面包	苹果 松子 鸡蛋红糖水	黄豆芝麻粥 牛奶 葵花子	草莓 核桃 生姜橘皮饮	橙子 榛子 椰味红薯粥 (133页)	牛奶 烤馒头片 西米火龙果 (117页)

孕③月10种明星食材

瘦肉
补充优质蛋白质，保证胎宝宝健康。

猪肝
富含铁和维生素A，宜少量多次食用。

核桃
补充"脑黄金"，有健脑益智的作用。

紫米
粗粮中保存了更多的蛋白质、脂肪、矿物质和膳食纤维。

猕猴桃
具有抗氧化活性，减轻辐射。

孕3月饮食禁忌

不宜喝长时间煮的骨头汤

动物骨骼中所含的钙质，不论多高的温度也很难溶化，过久地烹煮反而会破坏骨头中的蛋白质。骨头上总会带点肉，熬的时间长了，肉中脂肪析出，会增加汤的脂肪含量。因此，骨头汤熬1个小时左右即可。

每天吃柑橘不超过3个

柑橘果香、汁多、品种多、颜色鲜艳，并且营养丰富。但对孕妈妈来说却不能多吃。因为柑橘性温味甘，过量食用容易引起燥热而使人上火，发生口腔炎、牙周炎等。孕妈妈每天吃柑橘不应超过3个，总重量控制在250克以内。

少吃或不吃腌制食品

腌制食品中含有可导致胎宝宝畸形的亚硝胺，如香肠、腌肉、熏鱼、熏肉等，所以孕妈妈应少吃或不吃这类食品。再有，这类食品不够新鲜，营养也不够丰富，容易滋生细菌，会对孕妈妈和胎宝宝的健康产生不良影响。

保健重点

喝孕妇奶粉有讲究

孕妇奶粉对营养素进行了一定的调整，所以比普通奶粉的营养更均衡全面，相对也更容易消化吸收。但孕妈妈如果饮食均衡，食欲不错，胎宝宝发育良好就不一定必须选择孕妇奶粉。

如果孕妈妈每天都喝牛奶，可以按照每天1袋牛奶加上1杯孕妇奶粉的量。如果孕妈妈不喝牛奶，建议一般每天2杯孕妇奶粉就可以了。对于需要摄入更多孕妇奶粉的孕妈妈，应咨询一下医生或营养师的意见，针对具体情况进行指导。

警惕孕期抑郁症

孕妈妈有时会感到有压力，只要定期进行深呼吸或冥想，身体会自然将压力释放出去。如果连续2周出现失眠、食欲差、悲伤、哭泣等问题，就要警惕孕期抑郁症，及时找心理医生谈一谈。

蛋黄
含维生素A，保证胎宝宝皮肤、胃肠道和肺的健康发育。

三文鱼
鳞少刺小，肉质细嫩鲜美，口感爽滑，适合孕妈妈食用。

紫菜
碘、钙、锌、蛋白质等含量丰富，是孕妈妈的"营养宝库"。

牡蛎
素有"海底牛奶"的美称，是孕期的滋养食补佳品。

木耳
天然补血食品，孕妈妈常吃可养颜保健。

营养菜品

菜 葱爆酸甜牛肉

原料: 牛里脊肉250克,洋葱100克,香油、料酒、酱油、醋、白糖、葱花各适量。

做法: ①牛里脊肉洗净切薄片,加料酒、酱油、白糖、香油拌匀;洋葱洗净,切丝。②油锅烧热,下牛里脊肉片、洋葱丝,迅速翻炒至肉片断血色,滴入醋翻炒至熟,撒上葱花,起锅装盘即成。

功效: 牛肉中蛋白质的含量较高,很适合孕妈妈补充蛋白质。

> **食材可替换** 也可以将猪肉切丝,用甜面酱炒熟,裹在豆腐皮中吃,搭配其他蔬菜,更利于营养吸收。

菜 虾皮豆腐

原料: 豆腐100克,虾皮10克,猪油、葱花、酱油、盐、白糖、姜末、水淀粉各适量。

做法: ①豆腐切片,入沸水焯烫;虾皮剁成细末。②猪油烧热,放入姜末、虾皮爆出香味。③倒入豆腐,加酱油、白糖、盐、适量水,烧沸,最后用水淀粉勾芡,撒上葱花,出锅盛盘。

功效: 豆腐和虾皮的含钙量高,且营养丰富,是孕期必吃食物。

> **食材可替换** 豆腐剁碎,加葱末、蒜末、胡萝卜末做成丸子,煮一碗浓香的丸子汤,孕妈妈一定爱吃。

菜 红烧鲤鱼

原料: 鲤鱼500克,盐、料酒、酱油、葱段、姜片、白糖、葱花各适量。

做法: ①鲤鱼处理干净,切块,放盐、料酒、酱油腌制。②油锅烧热,将鲤鱼块放入油锅,炸至棕黄色时,捞出。③另起油锅,爆香葱段、姜片,倒入炸好的鲤鱼块,加水漫过鱼面,再加酱油、白糖、料酒,大火煮沸后改小火煮至鱼入味,撒上葱花。

功效: 鲤鱼蛋白质含量高,且易被人体消化吸收,适合孕妈妈食用。

> **食材可替换** 鲤鱼肉炸熟后,用西红柿煮成的汤汁再炖一会儿,就成了开胃可口的西红柿鲤鱼。

我的孕期进程: 孕3月

LOADING...

| 备孕 | 孕1月 | 孕2月 | 孕3月 | 孕4月 | 孕5月 | 孕6月 | 孕7月 |

营养菜品

菜 土豆烧牛肉

原料: 牛肉150克,土豆100克,盐、葱段、姜片各适量。

做法: ①土豆洗净去皮,切块;牛肉洗净,切成滚刀块,放入沸水锅中焯透。②油锅烧热,下牛肉块、葱段、姜片煸炒出香味,加盐和适量水,汤沸时撇净浮沫,改小火炖约1小时,最后下土豆块炖熟。

功效: 此菜富含碳水化合物、维生素E、铁等营养成分,对贫血的孕妈妈有一定益处。

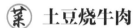 **食材可替换** 牛肉切丝,与芹菜一起炒食,香味更浓郁,可让孕妈妈保持一个好胃口。

菜 蒜蓉茄子

原料: 紫皮长茄子400克,葱末、蒜蓉、盐、酱油、白糖、香油、花椒各适量。

做法: ①茄子切段,放入盐水中浸泡5分钟,捞出切条,放入热油中炸软捞出。②用油爆香花椒后,捞出花椒,放入蒜蓉炒匀。③放入茄子、酱油、白糖和盐,烧至入味,放入香油、葱末即可。

功效: 茄子富含维生素E,还富含磷、铁、胡萝卜素和氨基酸,可提高机体免疫力。

食材可替换 在蒜蓉茄子里面撒点肉末,营养更均衡。

菜 鸭块白菜

原料: 鸭肉200克,白菜150克,料酒、姜片、盐各适量。

做法: ①将鸭肉洗净,切块;白菜洗净,切段。②将鸭块放入锅内,加水煮沸去血沫,加入料酒、姜片,用小火炖至八成熟时,将白菜倒入,一起煮至熟烂,加入盐调味即可。

功效: 鸭肉中含有丰富的B族维生素和维生素E,可预防炎症的发生,加强孕妈妈的抗病能力。

食材可替换 将熟鸭肉裹在薄饼里,加点甜面酱和黄瓜丝,就成了独具风味的酱鸭肉卷饼。

花样主食

主食 牛奶馒头

原料:面粉200克,鲜牛奶150毫升,白糖、发酵粉各适量。

做法:①面粉中加鲜牛奶、白糖、发酵粉搅拌成絮状。②把絮状面粉揉光,放置温暖处发酵1小时。③发好的面团用力揉至光滑,使面团内部无气泡;搓成圆柱,切成小块,放入蒸笼里,蒸熟即可。

功效:这道主食富含碳水化合物和蛋白质,可帮孕妈妈补充能量。

食材可替换 把面粉换成玉米面,做成粗粮馒头,能使孕妈妈吃得更健康。

主食 阳春面

原料:面条100克,紫皮洋葱1个,青蒜1根,香葱1根,猪油、香油、盐各适量。

做法:①洋葱洗净切片;香葱、青蒜分别切碎末。②猪油入锅烧热,放入洋葱片,炒葱油。③将面条煮熟,然后在盛面的碗中放入1勺葱油,放入盐。④煮熟的面挑入碗中,淋入香油,撒上香葱末、青蒜末。

功效:阳春面营养丰富而全面,常吃有利于胎宝宝脑细胞的发育。

食材可替换 面条也可以用面片代替,做成面片汤,好消化,易吸收,还利于肠胃健康。

主食 什锦果汁饭

原料:粳米150克,鲜牛奶200毫升,苹果丁、葡萄干各30克,白糖、水淀粉各适量。

做法:①粳米淘洗干净放入锅内,加入鲜牛奶和水焖成软饭,加入白糖拌匀。②将苹果丁、葡萄干放入另一个锅内,加水和白糖烧沸,用水淀粉勾芡后浇在米饭上。

功效:此饭中维生素、膳食纤维含量丰富,能满足胎宝宝对多种营养素的需求。

食材可替换 也可以用西米与水果丁一同熬煮,做成水果西米露,放凉食用更爽口。

我的孕期进程:孕3月

LOADING...

| 备孕 | 孕1月 | 孕2月 | 孕3月 | 孕4月 | 孕5月 | 孕6月 | 孕7月 |

美味汤粥

(汤) 香菇鸡汤

原料:鸡腿1只,香菇4朵,红枣3颗,葱段、姜片、盐各适量。

做法:①将鸡腿洗净剁成小块,与姜片、葱段一起放入砂锅中,加适量水烧开。②将香菇、红枣洗净放入砂锅中,用小火煮。③待鸡肉熟烂后,放入盐调味即可。

功效:鸡腿肉中维生素、矿物质含量丰富,可使孕妈妈身体更强壮。

食材可替换 煮面条时,加点鸡肉丝,热腾腾的面条中会有鸡肉的香味,孕妈妈更爱吃。

(粥) 黑米粥

原料:黑米、粳米各20克,红枣4颗。

做法:①将黑米、粳米、红枣分别淘洗干净后放入锅中,加适量水,用大火煮开。②转小火再煮至黑米、粳米熟透后即可。

功效:此粥含B族维生素、维生素E,搭配鸡蛋或其他蛋类同食能起到营养互补的作用。

食材可替换 黑米磨成粉,与玉米面、面粉一同蒸成松软的蒸糕,更利于消化。

(粥) 玉米鸡丝粥

原料:鸡肉150克,粳米30克,玉米粒、芹菜各50克,盐适量。

做法:①粳米、玉米粒洗净;鸡肉洗净,煮熟后,捞出,撕成丝;芹菜择洗干净,切丁。②粳米、玉米粒放入锅中,加适量清水,煮至快熟时加入鸡丝、芹菜丁,稍煮后加盐调味即可。

功效:此粥富含蛋白质和可促进消化的膳食纤维。粳米仍是蛋白质的重要来源。

食材可替换 鸡肉可以换成猪肉,可以预防孕妈妈缺铁性贫血。

本月，胎宝宝身长约16厘米，体重约110克，相当于2个鸡蛋的重量。

孕前超重和肥胖的孕妈妈，体重增长（与孕前相比）宜控制在1.5千克左右；偏瘦和正常体重的孕妈妈，体重增长宜在2千克左右。

妈妈宝宝变化

孕妈妈：胃口好多了

孕妈妈的食欲开始增加，可以适量吃一些平时喜欢吃但因为担心发胖而不敢吃的东西。到了孕4月，孕妈妈下腹部开始隆起，子宫已如婴儿头大小，乳房继续增大，乳晕颜色变深。白带多、腹部沉重感及尿频依然持续存在。

胎宝宝：大脑迅速发育

这个月胎宝宝的头渐渐伸直，胎毛、头发、乳牙也迅速增长，有时还会出现吮吸手指、做鬼脸等动作。胎宝宝的大脑明显地分成了6个区，皮肤逐渐变厚而不再透明。到16周末，胎宝宝身长达16厘米，体重达110克。

妈妈宝宝营养情况速查

因为妊娠反应减小，这个月很多孕妈妈会出现体重增长过快的情况，有的甚至1个月就能长2.5~3千克。切记体重如果不加控制，会导致营养过剩或者巨大儿的情况出现。孕中期的4个月，每周增加0.35千克的体重最为合理。

超重不好，过轻也不好。因为孕4月也是胎宝宝的快速发育期，如果孕妈妈摄入的营养素不足，胎宝宝就会同母体抢夺营养素。因此，孕妈妈要注意按照我们提供的标准，保证营养的摄入。

孕妈妈多吃些葡萄、香蕉、黄瓜等新鲜蔬果，适量减少高脂、高糖、高热量食物摄入。

我的孕期进程：孕4月

本月胚胎发育所需营养素	钙、磷、DHA、维生素D、维生素A、B族维生素 本月第15周胎宝宝骨骼正在迅速发育，可以做许多动作和表情

食物来源

胚芽米、麦芽、酵母、牛奶、动物内脏、蛋黄

本月重点营养素

钙

胎宝宝的恒牙胚在孕4月时开始发育，及时补钙对宝宝是否能拥有一口好牙，影响极其重要。孕妈妈摄入足量钙也能预防小腿抽筋、牙齿松动等。每日饮用200~300毫升牛奶就能够满足孕中期钙需求量的1/3。

DHA

DHA对胎宝宝的脑神经细胞发育非常重要，而且对视网膜光感细胞的成熟有重要作用。建议孕妈妈从妊娠4个月起适当补充DHA。安全补充DHA，应当每周吃1~2次鱼，或者选用海藻油DHA制品。

维生素D

维生素D可促进钙、磷的吸收和在骨骼中的沉积，如果缺乏，会影响胎宝宝骨骼和牙齿的发育。多吃海鱼、动物肝脏、蛋黄和瘦肉等，就可以补充足够的维生素D。多晒太阳也有助于人体自身合成维生素D。

本月营养饮食原则

不要一次吃得过饱

本月，孕妈妈可以解除"食禁"，平时各种喜欢吃却因为担心发胖而不敢吃的东西，这时候可以吃了。但此时进食有一个原则：再好吃、再有营养的食物都不要一次吃得过多、过饱，或一连几天大量食用同一种食物。

注意饮食卫生

为了避免病从口入，孕妈妈必须格外注意饮食卫生，如尽量吃彻底煮熟的食物、确认食物或食材的保存期限、烹调食物或用餐前要先洗手、切实做好食物的保鲜工作等。一旦发现食品有异味或腐败，要立刻停止食用。

 专家答疑

？孕妈妈可以多吃鸡蛋吗？

！鸡蛋的营养成分和磷脂的成分都特别适合胎宝宝生长发育的需要，而且有利于提高产后母乳的质量。但是，鸡蛋多吃不利于消化吸收。一个中等大小的鸡蛋与200克牛奶的营养价值相当，建议每天吃1~2个就可以了。

孕妈妈一周科学食谱推荐

星期	一	二	三	四	五	六	日
早餐	三鲜包子 小米粥 荸荠红糖饮	牛奶 鸡蛋 全麦面包 凉拌西红柿	芝麻烧饼 豆浆 小黄瓜	小米粥 鹌鹑蛋 甘蔗姜汁	黑米粥 鸡蛋 芝麻拌菠菜	无花果粥 煎鸡蛋 小葱拌豆腐	菜包 鸡蛋 红薯小米粥
午餐	米饭 浸醋花生 酱牛肉 白菜粉丝汤	米饭 凉拌空心菜 芦笋牛肉	米饭 西红柿炒鸡蛋 凉拌藕片 鸭肉冬瓜汤	青柠饭 青菜炒豆腐 家常焖鳜鱼 （90页）	什锦果汁饭 （108页） 奶汁烩生菜	米饭 清炒豆角 香菇山药鸡 蛋花汤	米饭 银耳拌豆芽 山药五彩虾仁 鸡血豆腐青 菜汤
晚餐	西红柿鸡蛋面 香菇油菜 （90页） 清蒸鱼	米饭 海带排骨汤 牡蛎炒生菜	青菜面 焖牛肉 香椿苗拌核 桃仁	五谷饭 红枣黑豆炖 鲤鱼 凉拌空心菜	米饭 西芹炒百合 鱼头木耳汤	馒头 干煎带鱼 凉拌空心菜 鲜柠檬荸荠水	二米粥 京酱西葫芦 （139页） 孜然鱿鱼 （130页）
加餐	强化营养饼干 松子 苹果胡萝卜汁	牛奶 蛋糕 木瓜	牛奶 烤馒头片 西米火龙果 （117页）	红豆粥 核桃 荸荠红糖饮	牛奶 麦麸饼干 开心果	橙子 坚果 酸奶	鸡蛋红糖水 苹果 开心果

孕4月10种明星食材

海蜇
可补充碘、铜等多种矿物质。

南瓜
含维生素、蛋白质、淀粉及钙、磷、硒等。

油菜
帮助孕妈妈养身安眠，减少孕期缺钙、贫血等情况。

圆白菜
既可防色素沉着，又能增强皮肤弹性。

银耳
含大量维生素D，促进钙吸收，是补碘补钙的好食材。

孕4月饮食禁忌

不宜吃生鱼片

生鱼片鲜美可口，质地柔软，而且蛋白质、维生素和矿物质含量丰富，是很多人都非常喜爱的食品。不过，由于生鱼片缺少加热烹饪过程，它里面可能存在的寄生虫和病菌会给胎宝宝带来伤害，馋嘴的孕妈妈还是不要冒这个险吧！

不宜吃大补食品

人参、蜂王浆等滋补品含有的成分比较复杂，孕妈妈滥用这些补品不仅不能很好地吸收，反而有可能干扰胎宝宝的生长发育，而且补品吃得过多会影响正常饮食营养的摄取和吸收，引起人体整个内分泌系统紊乱和功能失调。

应少吃或不吃方便食品

有些孕妈妈喜欢吃方便面、可冲调豆浆、速冻水饺等方便食品，觉得方便，味道又好；也有的因工作繁忙，将方便食品作为主食。但这种不良的饮食习惯很容易造成孕妈妈营养不均衡，严重者也会影响胎宝宝生长发育。

保健重点

注意口腔问题

妊娠期，许多口腔疾病都容易发生或加重。所以，孕妈妈每次进餐后要记得漱口，每天至少要刷2次牙，每周使用牙线清洁牙齿1次，少用含氟牙膏，防止氟影响胎宝宝大脑神经元的发育。

缓解眼睛干涩

可吃些富含维生素A的食物，如胡萝卜、西红柿、红枣等。同时，避免长时间面对电脑或看书，感到不舒服时不要用手揉眼睛，也不可随意用眼药水和眼药膏，若情况严重需就医。

文胸不要钢圈要棉质

带钢圈的文胸会压迫已经增大的乳房组织，从而影响乳房血液循环。孕妈妈应选择透气良好、吸汗、舒适、有伸缩性的棉质无钢圈或运动型文胸，不要选购可能会引起皮肤过敏的化纤材质。

玉米

能帮助孕妈妈调理肠胃，放松心情。

白菜

富含维生素B_1、矿物质等营养成分，常吃有益健康。

樱桃

促进血红蛋白再生，防治缺铁性贫血。

芒果

是孕妈妈很好的"开胃水果"。

鹌鹑蛋

提供高级神经活动不可缺少的营养物质。

营养菜品

菜 干烧黄花鱼

原料:黄花鱼200克,香菇4朵,五花肉50克,葱段、蒜片、姜片、料酒、酱油、白糖、盐各适量。

做法:①黄花鱼去鳞及内脏,洗净;香菇、五花肉洗净切丁。②锅中倒油,放入黄花鱼,一面呈微黄色时翻面。③锅里留适量油,放入肉丁和姜片,用小火煸炒,再放入所有食材和调料,加水烧开,转小火煮15分钟即可。

功效:黄花鱼中富含蛋白质和B族维生素,可促进胎宝宝生长。

食材可替换 黄花鱼两面煎黄后,加水炖,再在锅边贴一圈金黄的玉米饼,味道更香甜。

菜 鸡蓉干贝

原料:鸡蓉100克,干贝碎末80克,鸡蛋2个,盐、香油、鲜汤各适量。

做法:①鸡蓉放入碗内,兑入鲜汤,打入鸡蛋,用筷子快速搅拌均匀,加入干贝碎末、盐拌匀。②将以上材料下入热油锅,翻炒,待鸡蛋凝结成形时,淋入香油即成。

功效:干贝富含钾、磷、蛋白质,孕妈妈常吃有补五脏、益精血的功效。

食材可替换 蛤蜊代替干贝,与鸡蛋一同蒸食,味道鲜香,同样能起到补充营养的效果。

菜 海蜇拌双椒

原料:海蜇皮200克,青椒、红椒各1个,姜丝、盐、白糖、香油各适量。

做法:①海蜇皮洗净、切丝,温水浸泡后沥干;青椒、红椒洗净,切丝备用。②青椒丝、红椒丝拌入海蜇皮,加姜丝、盐、白糖、香油拌匀即可。

功效:海蜇含钾、钙、碘丰富,可帮助孕妈妈补充多种营养素。

食材可替换 海蜇皮也可以用鱿鱼代替,鱿鱼与青红椒同炒,鲜嫩清淡,吃起来很有韧性。

我的孕期进程:孕4月

LOADING...

备孕　　　孕1月　　　孕2月　　　孕3月　　　孕4月　　　孕5月　　　孕6月　　　孕7月

花样主食

主食 香菇鸡汤面

原料:细面条200克,鸡胸肉100克,胡萝卜1根,香菇4朵,鸡汤、葱花、盐、酱油各适量。

做法:①鸡胸脯肉洗净,切片,入锅中加盐煮,煮熟盛出。②胡萝卜洗净,去皮,切片;鸡汤加盐和少许酱油调味;香菇洗净入油锅略煎。③煮熟的面条盛入碗中,把胡萝卜片和鸡胸脯肉摆在面条上,淋上热鸡汤,再点缀上葱花和香菇。

功效:胡萝卜中富含的β-胡萝卜素可促进胎宝宝视力的发育。

食材可替换 面条中的鸡肉也可以用猪肉末代替,香菇与猪肉搭配,补益作用更强。

主食 牛肉焗饭

原料:牛肉、粳米、菜心各100克,姜丝、盐、酱油、料酒各适量。

做法:①牛肉洗净切片,用盐、酱油、料酒、姜丝腌制;菜心洗净切碎,焯烫;粳米淘洗干净。②粳米放入煲中,加适量水和少许油,开火煮饭,待饭将熟时,调成微火,放入牛肉片和菜心,继续焖煮至牛肉熟。

功效:牛肉富含铁、蛋白质等营养成分,孕妈妈常吃还能增强体力。

食材可替换 也可以用豌豆、玉米粒、鸡肉丁一同与熟米饭炒食,甜香适口,肉质软嫩。

主食 海鲜炒饭

原料:米饭100克,鸡蛋1个,小墨鱼、虾仁、干贝各15克,葱末、干淀粉、盐各适量。

做法:①小墨鱼、干贝、虾仁洗净切碎,放入碗中,加干淀粉和蛋清拌匀,焯烫,捞出;蛋黄倒入热油锅中煎成蛋皮,切丝。②爆香葱末,放入虾仁、小墨鱼、干贝拌炒,加入米饭、盐炒匀,盛盘,摆上蛋丝即可。

功效:海鲜含丰富的蛋白质和钙,可以为孕妈妈和胎宝宝补充营养。

食材可替换 不喜欢吃海鲜,可以用洋葱丁、蒜薹丁、土豆丁、鸡蛋炒米饭。

美味汤粥

粥 百合粥

原料:百合20克,粳米30克,冰糖适量。

做法:①百合撕瓣,洗净;粳米洗净。②将粳米放入锅内,加适量水,快熟时,加入百合、冰糖,煮成稠粥即可。

功效:百合中含有丰富的矿物质,还具有宁心安神的功效。

食材可替换 新鲜百合可以和西芹同炒,清清爽爽,孕妈妈一定爱吃。

粥 阿胶粥

原料:阿胶1块,粳米100克,红糖适量。

做法:①将阿胶捣碎备用。②取粳米淘净,放入锅中,加水适量,煮成稀粥。③待米熟时,调入捣碎的阿胶,加入红糖即可。

功效:此粥具有补血功效,可帮助孕妈妈预防和改善孕期贫血。

食材可替换 煮粥时,加点红枣和猪肝,同样能起到补铁补血的效果。

汤 香蕉银耳汤

原料:银耳20克,香蕉1根,枸杞子、冰糖各适量。

做法:①银耳泡发洗净,撕小朵;香蕉去皮,切片;枸杞子洗净。②银耳放入碗中,加入水,放蒸锅内蒸30分钟取出;再与香蕉片、枸杞子一同放入煮锅中,加水,用中火煮10分钟,最后加入冰糖。

功效:银耳富含硒和多糖成分,常吃有助于提高孕妈妈的免疫力。

食材可替换 银耳与紫薯搭配煮成汤后,鲜艳的紫色,会使孕妈妈禁不住想尝一尝这滋补美容的汤羹。

我的孕期进程:孕4月

LOADING...

| 备孕 | 孕1月 | 孕2月 | 孕3月 | 孕4月 | 孕5月 | 孕6月 | 孕7月 |

健康饮品

饮 西米火龙果

原料: 西米100克, 火龙果1个, 白糖、水淀粉各适量。

做法: ①西米用开水泡透蒸熟, 火龙果对半剖开, 果肉切成小粒。②锅烧热, 注入水, 加入白糖、西米、火龙果粒一起煮开。③用水淀粉勾芡后盛入碗内。

功效: 火龙果中花青素和膳食纤维含量丰富, 可促进肠道蠕动, 提高抗氧化能力。

 **食材可替换** 芋头蒸熟压成泥。将芋头泥放入糖水中煮, 再放入西米和椰汁一同煮熟即可。

饮 草莓汁

原料: 草莓250克, 蜂蜜适量。

做法: 将草莓洗净、去蒂, 放入榨汁机中, 加适量凉开水榨取汁液, 倒入杯子内, 加入蜂蜜即可饮用。(也可以放少量水, 制成浓汁, 拌上蜂蜜后饮用)

功效: 草莓汁酸甜适口, 特别开胃, 其中富含的有机酸、果胶还有美容养颜的功效。

食材可替换 草莓切块, 与其他水果搭配, 加酸奶拌匀, 就成了一道可口又营养的加餐。

饮 猕猴桃酸奶

原料: 猕猴桃2个, 酸奶250毫升。

做法: ①猕猴桃剥皮、切块。②将猕猴桃、酸奶放入榨汁机中, 搅拌均匀即可。

功效: 猕猴桃中丰富的维生素C和膳食纤维, 可帮助消化, 预防便秘。

食材可替换 猕猴桃丁还可以与芒果丁、葡萄干一同做成沙拉, 就成了午后的营养加餐。

本月胎宝宝体重继续稳步增长，达到了320克左右，相当于1个大贡梨或者2个小型青苹果的重量。

怀孕第20周，肥胖或超重孕妈妈体重总增长不宜超过4千克。孕前偏瘦和正常的孕妈妈，体重增长范围应在5-6千克。

妈妈宝宝变化

孕妈妈：感受到胎动啦

期待已久的胎动在这个月来临。随着胎宝宝的成长，胎动会非常频繁，直到后期子宫被撑满为止。胎动为孕妈妈和胎宝宝之间建立起奇妙的默契。从现在开始，孕妈妈的宫底每周大约升高1厘米，腰身也会变粗，动作也开始笨拙了。

胎宝宝：能听到声音了

从这个月开始，胎宝宝的循环系统、尿道开始工作，听力形成，可以听到孕妈妈的心跳、血流、肠鸣和说话声。胎宝宝身长达到25厘米，体重320克左右，皮肤是半透明的，眼睛由两侧向中央集中，骨骼开始变硬，会对光线有所反应，还可以尝到一些味道了。

妈妈宝宝营养情况速查

孕妈妈营养情况自测表（厘米）

	下限	上限	平均
宫高满20周	下限15.3	上限21.4	平均18
腹围满20周	下限76	上限89	平均82

进入孕5月，孕妈妈已经具有明显的孕妇体型了。很多孕妈妈在这个月都会超过每周体重平均增长0.35千克这个标准值。对比孕妈妈营养情况自测表，看看自己的宫高和腹围是否在正常范围以内，并结合体重做三方面的综合考虑。也可以根据本书最开始为孕妈妈提供的营养情况自测表，检查自己的营养情况，进行针对性的补充。

我的孕期进程： 孕5月

LOADING...

| 本月胚胎发育所需营养素 | 蛋白质、钙、铁、维生素A、亚油酸、磷 本月第18周胎宝宝循环系统、泌尿系统开始工作，肺部发育，听力形成。第20周视网膜开始形成，对强光有反应，大脑功能分区 |  | 食物来源 牛奶、乳酪、鱼、蛋、肉、肝、豆类、坚果、黄绿色蔬菜 |

本月重点营养素

铁

怀孕时孕妈妈体内的血容量扩张，胎宝宝和胎盘快速生长，对铁的需求量迅速增加。动物肝脏是补铁首选，鸡肝、猪肝可每周吃2~3次，每次50克左右。动物血、瘦肉也很不错。水果富含维生素C，可以促进铁的吸收。

钙

钙是构成骨骼和牙齿的主要成分，并可调节神经肌肉的兴奋性，因此孕妈妈应增加钙的摄入量。孕中期开始，孕妈妈每日应摄入1000毫克左右的钙。富含钙的食物以牛奶、乳制品为佳，每250毫升牛奶可获得250~300毫克钙。

维生素A

维生素A对视力很重要，是正常骨骼发育所必需的。如果缺乏，会导致成骨与破骨之间的不平衡，造成神经系统异常。但长期摄入维生素A补充剂会导致中毒，对胎宝宝会有致畸的风险。

本月营养饮食原则

预防营养过剩

有些孕妈妈吃得多，锻炼少，认为这样有利于胎宝宝发育和分娩。其实这样易使胎宝宝过大，不利于分娩。如果营养过剩，易导致孕妈妈血压偏高和血糖异常。如果孕妈妈过胖，生产后还易造成哺乳困难，不能及时给宝宝喂奶，乳腺管易堵塞，极易引起急性乳腺炎。

因此，在饮食中要注意预防营养过剩，注重粗细搭配，细嚼慢咽，每日吃4~5餐，每次食量要适度。同时，在身体允许的情况下，孕妈妈要多进行有氧保健运动，保持适当的体重增长。

专家答疑

? 孕期避免发胖需要禁糖吗?

! 关于糖，大部分人的印象是吃多了容易发胖，实际上，葡萄糖是生命中不可缺少的。糖不仅仅提供能量，还能燃烧脂肪。如果孕妈妈禁糖，胎宝宝就会低血糖。孕妈妈要选择那些既含糖，也含蛋白质、脂类的食物，避免只是单纯地从糖果或含糖高的饮料中获取糖分。

孕妈妈一周科学食谱推荐

星期	一	二	三	四	五	六	日
早餐	全麦面包 糖米醋蛋 牛奶	小米山药粥 香芹拌豆角 鸡蛋	菜肉馄饨 鸡蛋	牛肉粥 素包子	豆包 鸡蛋 红薯小米粥	花卷 无花果粥 芝麻圆白菜 (173页)	五谷瘦肉粥 (235页) 鸡蛋 苹果
午餐	米饭 香菇油菜 排骨玉米汤	米饭 熘肝尖 苦瓜煎蛋	米饭 香菇油菜 (90页) 凉拌藕片 青菜冬瓜鲫 鱼汤(138页)	西葫芦饼 家常豆腐 炖排骨大白菜	米饭 清蒸排骨 糖醋莲藕 香菇炒菜花	奶香玉米饼 清炒芦笋 清蒸鲫鱼 蛋花汤	米饭 素什锦 山药五彩 虾仁 猪血菠菜汤
晚餐	奶香玉米饼 西红柿炖豆腐 盐水鸡肝	青菜面 酱牛肉 圆白菜牛 奶羹	米饭 胡萝卜炖羊肉 冬笋拌豆芽	烤鱼青菜饭团 香干炒芹菜 (235页) 菜心炒牛肉 (98页)	米饭 西芹炒百合 红枣黑豆炖鲤鱼	猪血鱼片粥 玉米饼 冬瓜丸子汤	百合粥 抓炒鱼片 清炒藕片
加餐	酸奶拌水果 (101页) 葵花子	牛奶核桃粥 (100页) 香蕉	苹果 麦麸饼干 酸奶	猪肝粥 榛子 百合莲子桂花饮	牛奶 烤馒头片 西米火龙果 (117页)	樱桃 坚果 银耳羹	草莓 碧根果 牛奶

孕❺月10种明星食材

豆腐

素食的孕妈妈补充营养的重要食物来源。

芹菜

清香爽口,孕妈妈如有便秘可经常食用。

核桃

富含α-亚麻酸,孕妈妈常吃,可促进胎宝宝大脑发育。

山药

是物美价廉的补虚佳品,但便秘妈妈要少吃。

海带

富含磷、镁、钠、钾、钙、碘等,有很好的健脑作用。

孕5月饮食禁忌

不宜多吃盐

怀孕期间，孕妈妈易患上水肿和高血压，因此不宜多吃盐。孕妈妈常吃过咸的食物，可导致体内水钠潴留，引起水肿，从而影响胎宝宝的正常发育。但一点盐都不吃对孕妈妈也并非有益，每天用盐量不多于6克即可。

忌吃生蚝

很多孕妈妈在怀孕期间对炭烧生蚝青睐有加。但是生蚝里可能存在一些细菌或病毒，处理不干净容易引起病毒感染性腹泻。腹泻对孕妈妈来说可能会导致流产。孕妈妈如果实在想吃，确保将它们做熟，并最好少吃。

忌多吃火腿

火腿本身是腌制食品，含有大量亚硝酸盐类物质。如摄入过多，人体不能代谢，蓄积在体内会对健康产生危害。孕妈妈多吃火腿，其亚硝酸盐就会进入身体里，并进入胎宝宝体内，给胎宝宝的健康发育带来潜在的危害。

保健重点

避免接触铅

铅过量会造成神经系统异常，出现贫血、头晕等症状。注意一些生活细节，如勤剪指甲、不用含铅化妆品、蔬果食用前要洗净、不吃爆米花等含铅食品，是可以防止铅中毒的。

忌喝浓茶和保温杯沏的茶

将茶叶浸泡在保温杯中，不仅茶水苦涩，而且会导致多种维生素被大量破坏，有害物质增多，易引起消化系统及神经系统的紊乱。另外，茶叶中含有茶碱，多喝不利于胎宝宝的生长发育。

因缺钙而腿抽筋如何应对

血液中缺钙，会导致孕妈妈出现抽筋现象，所以要多吃海带、木耳、芝麻等含钙丰富的食物，如海带炖豆腐等。也可以多吃些牛奶、奶酪，既有助于减少腿抽筋现象，还有助于睡眠。

菜花
富含维生素K和维生素C，可提高孕妈妈免疫力。

腰果
既可当零食，又可制成美味佳肴，是孕期必备的坚果。

牛奶
传统的天然饮料之一，孕期应每天喝1杯牛奶。

娃娃菜
含丰富的钾，可缓解孕妈妈疲劳感。

洋葱
含有的植物杀菌素具有杀菌能力，可增强孕妈妈体质。

营养菜品

菜 香菇豆腐塔

原料:豆腐300克,香菇3朵,榨菜、酱油、白糖、盐、香油、干淀粉各适量。

做法:①将豆腐切成四方小块,中心挖空;香菇洗净,剁碎;榨菜剁碎。②香菇和榨菜用白糖、盐及干淀粉拌匀即为馅料;将馅料酿入豆腐中心,摆在碟上蒸熟,淋上香油、酱油即可。

功效:这道菜鲜香可口,富含植物蛋白、维生素和矿物质。

食材可替换 也可以将馅料换成玉米粒、胡萝卜丁、黄瓜丁,一道颜色鲜艳、营养丰富的五彩豆腐就做成了。

菜 椒盐排骨

原料:排骨200克,青椒1/2个,鸡蛋1个,酱油、干淀粉、蒜瓣、椒盐各适量。

做法:①青椒洗净,切丝;排骨洗净,倒入酱油、干淀粉,放蒜瓣,腌制。②鸡蛋打散成鸡蛋液;锅中倒油,将排骨在鸡蛋液中裹一下后入油锅炸,沥油、捞起。③将青椒丝放入油锅煸香,放入炸好的排骨,加椒盐一起翻炒。

功效:排骨中富含铁和B族维生素,有利于孕妈妈的健康。

食材可替换 排骨还可以换成鸡柳,口感酥脆的鸡柳孕妈妈更爱吃。

菜 拔丝香蕉

原料:香蕉2根,鸡蛋1个,面粉100克,白糖适量。

做法:①香蕉去皮,切块;鸡蛋打匀,与面粉搅匀,调成糊。②油锅烧至五成热时放入白糖,加少许水,待白糖溶化,用小火慢慢熬至金黄色能拉出丝。③另起油锅烧热,香蕉块裹上面糊投入油中,炸至金黄色时捞出,倒糖汁中拌匀。

功效:香蕉富含钾和膳食纤维,有促进肠道蠕动的作用,可帮助孕妈妈预防便秘。

食材可替换 山药、红薯、苹果都可以代替香蕉做拔丝,孕妈妈可以自由选择。

我的孕期进程:孕5月

LOADING...

| 备孕 | 孕1月 | 孕2月 | 孕3月 | 孕4月 | 孕5月 | 孕6月 | 孕7月 |

花样主食

主食 松仁鸡肉卷

原料：鸡肉100克，虾仁50克，松仁20克，胡萝卜碎丁、蛋清、盐、料酒、干淀粉各适量。

做法：①将鸡肉洗净，切成薄片。②虾仁切碎剁成蓉，加胡萝卜碎丁、盐、料酒、蛋清和干淀粉搅匀。③在鸡片上放虾蓉和松仁，卷成卷儿，入蒸锅大火蒸熟。

功效：松仁和虾仁中的硒，有促进胎宝宝智力发育的作用。

 松仁与香菇同炒，营养同样丰富。

主食 黑豆饭

原料：黑豆、糙米各适量。

做法：①黑豆、糙米洗净，放在大碗里泡几个小时。②连米带豆和泡米水，一起倒入电饭煲焖熟即可。

功效：黑豆和糙米都富含矿物质，孕妈妈常吃，对胎宝宝的健康十分有利。

 黑豆还可以打成豆浆喝。

主食 糯米香菇饭

原料：糯米150克，猪里脊肉100克，鲜香菇6朵，油菜1棵，虾仁2个，姜丝、料酒、盐、酱油各适量。

做法：①糯米、油菜洗净；猪里脊肉、鲜香菇洗净切细丝；虾仁洗净，去虾线。②电饭煲中倒入少量油，待油热放入姜丝、猪肉丝、虾仁、香菇丝、油菜、料酒、酱油、盐，再把泡发好的糯米倒入锅中，加水蒸熟。

功效：糯米中含有多种维生素和矿物质，对孕妈妈的食欲不佳也有很好的缓解作用。

食材可替换 消化不良的孕妈妈，可以用粳米或小米代替糯米，再加些苹果、香蕉等水果，有利于胃健康。

美味汤粥

粥 牛奶红枣粥

原料:粳米30克,鲜牛奶250毫升,红枣5颗。

做法:①红枣洗净,去核。②粳米洗净放入锅内,加入水,熬至粳米绵软。③加入鲜牛奶和红枣,煮至粥浓稠即可。

功效:牛奶中含钙高且易于吸收,可促进胎宝宝骨骼生长。

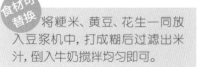

食材可替换 将粳米、黄豆、花生一同放入豆浆机中,打成糊后过滤出米汁,倒入牛奶搅拌均匀即可。

粥 小米红枣粥

原料:小米150克,红枣3颗。

做法:①红枣洗净;小米淘洗干净。②锅中放红枣和小米,加水一起煮,撇去枣沫,转小火煮至粥熟即可。

功效:此粥富含B族维生素等营养,孕妈妈常吃可补血养颜。

食材可替换 小米还可以与山药一同熬粥,熟后加点红糖,营养丰富,味道鲜美。

粥 豌豆粥

原料:豌豆50克,粳米150克,鸡蛋1个,糖桂花适量。

做法:①豌豆、粳米洗净,放入锅内,加适量水,用大火煮沸。②撇去浮沫后用小火熬煮至豌豆酥烂。③淋入鸡蛋液稍煮,最后撒入糖桂花即可。

功效:豌豆中含有丰富的胡萝卜素和矿物质,有利于吸收。

食材可替换 将毛豆、鸡肉丁与粳米一同熬粥,清新适口,适合在干燥的秋季食用。

我的孕期进程:孕5月

LOADING...

备孕　孕1月　孕2月　孕3月　孕4月　**孕5月**　孕6月　孕7月

健康饮品

饮 酸奶草莓布丁

原料:鲜牛奶200毫升,草莓丁、苹果丁、明胶粉、白糖、酸奶各适量。

做法:①鲜牛奶加适量明胶粉、白糖煮化,晾凉后加入酸奶,倒入玻璃容器中搅拌均匀。②加入水果丁后冷藏,食用时取出晾至常温即可食用。

功效:酸奶草莓布丁口味滑爽,味道酸甜,既可以补充维生素,还可以预防孕期便秘。

食材可替换 将红豆煮熟烂,放在布丁上,再加少量牛奶,就成了美味的红豆牛奶布丁。

饮 牛奶水果饮

原料:牛奶200毫升,玉米粒、葡萄、猕猴桃、水淀粉、蜂蜜各适量。

做法:①猕猴桃、葡萄均洗净切成小块。②把牛奶倒入锅中,开火,放入玉米粒,边搅动边放入水淀粉,调至黏稠度合适。③出锅后将切好的水果丁放入,滴几滴蜂蜜。

功效:玉米中富含叶黄素,有利于胎宝宝眼睛的发育。

食材可替换 将水果丁与银耳、冰糖一同熬煮,汤汁黏滑,味道香甜。

饮 芒果西米露

原料:西米100克,芒果3个,白糖适量。

做法:①西米用水浸至变大,放入沸水中,煮至透明状取出,沥干,放入碗内。②芒果肉切粒,放入搅拌机中,放入适量白糖,搅拌成芒果甜浆。③将芒果甜浆倒在西米上拌匀。

功效:芒果西米露可作为孕妈妈的加餐,甜甜的口感,能愉悦孕妈妈的情绪,还可以为身体补充能量。

食材可替换 西米还可以用粳米代替,与芒果同煮粥,能增强口感,孕妈妈越吃越爱吃。

孕 **6** 月

21~24 周
有模有样的小人儿

胎宝宝身长约30厘米，体重达到630克，相当于3根香蕉的重量，身体比例也慢慢匀称起来。

怀孕第24周，孕妈妈体重已经增加了5千克，相当于1个中小型西瓜的重量。由于子宫增大、加重，体态会渐渐发生这样的变化：脊椎向后仰、身体重心向前移。

妈妈宝宝变化

孕妈妈：更性感了

孕6月，孕妈妈会发现膨胀的乳房开始分泌稀薄的淡黄色乳汁，这就是初乳。同时，肚子越来越凸出，体重日益增加。增大的子宫压迫了肺部，容易气喘吁吁。因为肚子的重心前移，走路姿势也明显改变，越来越有孕妈妈的样子了。

胎宝宝："游来游去"

这时由于皮下脂肪尚未产生，胎宝宝现在就像个小老头，身上覆盖了一层白色的、滑腻的胎脂，用以保护皮肤免受羊水的损害。这个月末，胎宝宝体重会达到630克，身长有30厘米，通过不断吞咽羊水使自己的呼吸系统加速发育。

妈妈宝宝营养情况速查

孕妈妈营养情况自测表（厘米）

宫高满24周	下限22	上限25.1	平均24
腹围满24周	下限80	上限91	平均85

孕妈妈的体重现在平均每周增长350克，不过有些孕妈妈每周只增长300克，有些也可能增长500~1000克，判断自己是不是摄入过量或者摄入不足，还是要根据体重、宫高、腹围这三方面共同考虑。此外，还要结合孕前的体重来考虑。孕前体重偏低的现在体重可能会增长得快一些，孕前体重偏高的现在增长得可能会慢一些。

我的孕期进程：孕6月

LOADING...

备孕　　　孕1月　　　孕2月　　　孕3月　　　孕4月　　　孕5月　　　孕6月　　　孕7月

本月胚胎发育所需营养素	钙、磷、维生素A、维生素D、脂肪、蛋白质、碳水化合物 第23周，胎宝宝视网膜形成，乳牙的牙胚开始发育

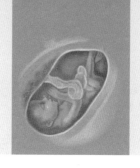

食物来源

肝、蛋、牛奶、乳酪、黄绿色蔬菜

本月重点营养素

脂肪

孕5月以后，胎宝宝的大脑进入发育高峰期。脂肪是构成脑组织极其重要的营养物质，孕妈妈不必担心脂肪就是肥胖的代名词，而对脂肪说"不"，在鱼、坚果、玉米中含有的单不饱和脂肪酸，就有益于胎宝宝大脑发育。

蛋白质

现在胎宝宝的身体器官在迅速发育，蛋白质必不可少。孕妈妈每日应摄入牛奶300毫升、鸡蛋1~2个、瘦肉50~100克。如果以植物性食品为主，则每日应摄入干黄豆40克，或豆腐干75克，并保证适量的主食及坚果。

碳水化合物

碳水化合物是胎宝宝新陈代谢必需的营养素。胎宝宝在孕中期会消耗掉孕妈妈更多的热能来保证身体发育，所以孕妈妈维持碳水化合物的足量供应很重要。谷物、杂豆类、蔬果、薯芋类等，都是碳水化合物的优良来源。

本月营养饮食原则

宜吃应季食物

孕妈妈应根据季节来选取进补的食物，少吃反季节食物。比如春季可以适当吃些野菜，夏季可以多补充些水果羹，秋季食山药，冬季补羊肉等。结合孕妈妈自身的情况，选取合适的食物进补，要做到"吃得对，吃得好"。

吃饭要细嚼慢咽

有些食物咀嚼不够，会加大胃的消化负担或损伤消化道。所以，孕妈妈为了自己和胎宝宝的健康考虑，要改掉吃饭时狼吞虎咽的坏习惯，做到细细嚼、慢慢咽，让每一种营养都不白白地流失，充分为身体所用。

专家答疑

? 素食对胎宝宝好吗？

! 肉类食品是优质蛋白质的最佳来源。不吃肉的素食孕妈妈，可以从鸡蛋和奶制品中摄入足够的蛋白质。如果不吃所有与动物有关的食品，就很难保持膳食平衡。为了胎宝宝的健康，建议适量进食蛋类和乳制品。

孕妈妈一周科学食谱推荐

星期	一	二	三	四	五	六	日
早餐	虾仁粥 鸡蛋	全麦面包 牛奶 鸡蛋	糯米麦芽团子 牛奶 生菜沙拉	小米鸡蛋粥 拌豆腐干丝	南瓜饼 鲜柠檬汁 煮花生	玉米面发糕 牛奶核桃粥 （100页）	粳米绿豆猪 肝粥（233页） 鹌鹑蛋 凉拌黄瓜
午餐	米饭 鲜蘑炒豌豆 菠菜鱼片汤	米饭 奶汁烩生菜 葱爆酸甜 牛肉（106页）	馒头 醋熘西葫芦 白菜炖豆腐 山药排骨汤	香椿蛋炒饭 百合炒肉 清炒油麦菜	米饭 金针菇拌肚丝 鱼头豆腐羹 炒豇豆	米饭 油焖大虾 糖醋莲藕 香菇炒菜花	香菇鸡汤面 （115页） 熘肝尖 苦瓜煎蛋
晚餐	西红柿鸡蛋面 香菇油菜 （90页） 盐水鸡肝	米饭 猪血菠菜汤 孜然鱿鱼 （130页）	紫薯银耳松 子粥（133页） 彩椒炒腐竹 （131页） 羊肉冬瓜汤	馒头 玉米炒鸡块 凉拌苦瓜 草莓汁 （117页）	花卷 虾仁粥 油烹茄条 （155页）	小米蒸排骨 鲤鱼木耳汤 芝麻拌菠菜	米饭 双鲜拌金针菇 （138页） 土豆烧牛肉 （107页） 海米大白菜
加餐	黑豆红糖水 葡萄汁 香蕉	牛奶 面包 核桃	银耳羹 酸奶 开心果	猪肝粥 松子 百合莲子桂 花饮	牛奶 烤馒头片 雪梨	橙子 花生仁 酸奶布丁	酸奶 草莓 榛子

孕❻月10种明星食材

鹌鹑蛋

很适合孕妈妈来补充蛋白质，可与鸡蛋交替食用。

茄子

为孕妈妈提供丰富的铁、维生素、矿物质。

红枣

补充维生素C，促进铁吸收。

茼蒿

调节体内水液代谢，消除孕妈妈水肿。

鸭肉

能有效防治妊娠期高血压。

孕6月饮食禁忌

忌多吃热性调料

桂皮、辣椒、小茴香、大茴香、花椒、五香粉等热性调料容易引起上火，消耗肠道水分，使胃肠腺体分泌减少，造成便秘。孕妈妈如用力排便，令腹压增大，会压迫子宫内胎宝宝，易造成胎动不安、流产、早产等不良后果。

忌加热酸奶

酸奶中对人体有益的乳酸菌在高温环境中极易被破坏。因此，酸奶在食用前不要加温。如果天气过于寒冷，以防不适，可以把酸奶瓶放进温水里温一温。但须注意的是，水温不宜超过人体体温，否则就会降低营养价值。

不宜吃饭太快

孕妈妈吃饭一定要细嚼慢咽，如果吃得过快，食物未经充分咀嚼，进入胃肠道会影响人体对食物的消化、吸收，久而久之，孕妈妈就得不到足够多的营养，会造成营养不良，健康势必受到影响。

保健重点

产检时顺便看乳腺

怀孕后，孕妈妈的乳房会有点微微胀痛，而且变得特别敏感。随着月份增加，乳头、乳晕也会变大，颜色变深，到孕晚期就会变成枣黑色。孕妈妈产检时顺便看看乳腺，为产后哺乳做准备。

晒太阳时要注意防晒

孕妈妈要多到户外晒晒太阳，但要注意防晒，外出时要戴上帽子或打遮阳伞。也可吃些新鲜蔬菜和水果，摄取足够的维生素C。但是千万不要为了美丽而使用美白产品。

耻骨疼生完宝宝就好了

很多孕妈妈会从孕6月开始感觉到耻骨疼痛，待生完宝宝之后，疼痛就消失了。胎宝宝头部入盆时可能会使耻骨分离加剧，孕妈妈应该在预产期前2个星期在家休息。

冬瓜
是孕妈妈理想的健胃、消水肿食材。

草莓
预防牙龈出血，提高孕妈妈免疫力，润泽肌肤。

猪排骨
补充卵磷脂和蛋白质，促进胎宝宝成长。

四季豆
富含膳食纤维，适合便秘的孕妈妈食用。

杏仁
有降低胆固醇的作用，既可做菜，也可当零食食用。

营养菜品

菜 孜然鱿鱼

原料:鱿鱼1条,醋、料酒、孜然粉、盐各适量。

做法:①鱿鱼洗净,切片后放入热水中焯一下,捞出,沥干。②油锅烧热,放入鱿鱼翻炒,加盐、醋、料酒、孜然粉调味即可。

功效:鱿鱼富含蛋白质和矿物质,能为胎宝宝提供充足的营养。

食材可替换 还可将鱿鱼与蒜薹一同炒食,这样做出的鱿鱼肉很有韧性,味道咸香。

菜 猪肝拌黄瓜

原料:猪肝80克,黄瓜100克,香菜1棵,盐、酱油、醋、香油各适量。

做法:①猪肝洗净,煮熟,切成薄片;黄瓜洗净,切片;香菜择洗干净,切碎。②将黄瓜摆在盘内垫底,放上猪肝、酱油、醋、盐、香油,撒上香菜碎,食用时拌匀即可。

功效:猪肝中富含维生素A、铁、锌等营养素,能为孕妈妈和胎宝宝提供全面的营养。

食材可替换 猪肝还可以与青椒、芹菜一同凉拌食用。

菜 清炒油菜

原料:油菜400克,蒜瓣、盐、白糖、水淀粉各适量。

做法:①油菜洗净,沥干水分备用。②油锅烧热,放入蒜瓣爆出香味,放入油菜,大火炒至三成熟,撒少许盐。③炒匀至六成熟,加少许白糖,淋入水淀粉勾芡,炒熟即成。

功效:油菜膳食纤维含量比较高,可预防孕期便秘。

食材可替换 油菜洗净后切长段,和蒜瓣、蚝油同炒,清淡爽脆,开胃利口。

我的孕期进程:孕6月

LOADING...

| 备孕 | 孕1月 | 孕2月 | 孕3月 | 孕4月 | 孕5月 | 孕6月 | 孕7月 |

营养菜品

菜 咖喱牛肉土豆丝

原料: 牛肉200克,土豆100克,咖喱粉、料酒、酱油、盐、葱花、姜末各适量。

做法: ①将牛肉切成丝,将酱油、料酒调成芡汁浸泡牛肉丝;土豆洗净,切丝。②先爆香葱花、姜末,再将牛肉丝下锅翻炒,放入土豆丝,加入酱油、盐、咖喱粉炒熟。

功效: 此菜富含铁、维生素等营养,非常适合孕妈妈食用。

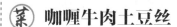

食材可替换 土豆蒸成泥,再加些猪肉末,一同入锅蒸,浓浓的肉香使土豆泥更美味。

菜 彩椒炒腐竹

原料: 黄椒、红椒各50克,腐竹80克,葱末、盐、香油、水淀粉各适量。

做法: ①黄椒、红椒洗净,切菱形片;腐竹泡水后斜刀切成段。②油锅烧热,煸香葱末,放入黄椒片、红椒片、腐竹段翻炒。③放水淀粉勾芡,出锅时加盐调味,再淋香油即可。

功效: 此菜维生素C、蛋白质含量丰富,能极好地促进胎宝宝此时乳牙牙胚的发育。

食材可替换 芹菜、腐竹、花生仁一同做成凉拌菜,颜色鲜艳,清淡爽脆。

菜 莲藕炖牛腩

原料: 牛腩150克,莲藕100克,红豆20克,姜片、盐各适量。

做法: ①牛腩洗净,切大块,焯烫,过冷水,洗净沥干;莲藕去皮,切成大块;红豆洗净。②将牛腩、莲藕、红豆、姜片放入锅中,加适量水,大火煮沸,转小火慢煲3小时,出锅前加盐调味。

功效: 莲藕的含糖量不高,又富含维生素C和胡萝卜素,对于补充维生素十分有益。

食材可替换 萝卜与牛腩同炖汤,汤色清淡,牛腩软烂,吃肉喝汤,开胃又顺气。

花样主食

主食 土豆饼

原料:土豆、西蓝花各50克,面粉100克,盐适量。

做法:①土豆洗净,去皮,切丝;西蓝花洗净,焯烫,切碎;土豆丝、西蓝花、面粉、盐、适量水放在一起搅匀。②将搅拌好的土豆饼糊倒入煎锅中,用油煎成饼。

功效:西蓝花中胡萝卜素含量丰富,土豆富含碳水化合物,二者搭配,可很好地为孕妈妈补充体力。

食材可替换 土豆、胡萝卜与面粉摊成饼,味道也不错,最好趁热吃,胡萝卜甜甜的味道可增进食欲。

主食 菠萝虾仁炒饭

原料:虾仁80克,豌豆100克,米饭200克,菠萝1/2个,蒜末、盐、香油各适量。

做法:①虾仁洗净;菠萝取果肉切小丁;豌豆洗净,入沸水焯烫。②油锅烧热,爆香蒜末,加入虾仁炒至八成熟,加豌豆、米饭、菠萝丁快炒至饭粒散开,加盐、香油调味。

功效:孕妈妈通过吃这道水果饭可获得充足的碳水化合物。

食材可替换 芒果、火龙果、菠萝、鸡肉一同炒饭,味道酸甜,可作为孕妈妈的开胃佳肴。

主食 荠菜黄鱼卷

原料:荠菜25克,油皮50克,蛋清3个,黄鱼肉100克,干淀粉、料酒、盐各适量。

做法:①荠菜洗净,切末;用1个鸡蛋清与干淀粉调成稀糊备用。②黄鱼肉切细丝,同荠菜、剩下的2个蛋清、料酒、盐混合成肉馅。③将馅料包于油皮中,卷成长卷,抹上稀糊,切小段,放入油锅中煎熟即成。

功效:这道菜富含蛋白质和膳食纤维,是孕妈妈的保健佳肴。

食材可替换 荠菜还可以换成菠菜,可提高黄鱼卷的营养价值。

我的孕期进程:孕6月

LOADING...

备孕　　　孕1月　　　孕2月　　　孕3月　　　孕4月　　　孕5月　　　孕6月　　　孕7月

美味汤粥

汤 排骨玉米汤

原料: 排骨 200 克,玉米 100 克,盐、香油各适量。

做法: ①排骨焯去血水,捞出沥干;玉米切段。②将排骨、玉米放入锅中,加入水,调入盐、香油,煮沸后改中火煮 5~8 分钟。③盛入电压力锅中,以小火焖 2 小时。

功效: 玉米中含有丰富的膳食纤维,能促进孕妈妈肠道蠕动。

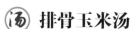 **食材可替换** 用山药或莲藕与排骨熬汤,山药、莲藕绵软适口,排骨酥烂,吃一口满口留香。

粥 椰味红薯粥

原料: 粳米 200 克,花生 50 克,椰子 1/2 个,红薯 1 个,白糖适量。

做法: ①粳米洗净;红薯洗净、去皮、切块。②先将花生泡透,然后放入水中煮熟;粳米与红薯一同放入锅中,煮至熟透。③椰子取肉,削成丝,再将椰子丝揉搓出椰奶汁来;把椰子丝、椰奶汁与熟花生一起倒入红薯粥里,放适量白糖搅拌均匀。

功效: 红薯含有丰富的膳食纤维,可促进肠道蠕动。

食材可替换 红薯蒸熟后压成泥,再做个漂亮的造型,一定能吸引孕妈妈。

粥 紫薯银耳松子粥

原料: 粳米 20 克,松子 5 克,银耳 4 朵,紫薯 2 个,蜂蜜适量。

做法: ①用温水泡发银耳;将紫薯去皮,切成小方粒。②锅中加水,将淘洗好的粳米放入其中,大火烧开后,放入紫薯粒,再烧开后改小火。③往锅中放入泡好的银耳。④待粳米开花时,撒入松子。⑤放温后,调入蜂蜜即可。

功效: 此粥具有通肠的功效,能帮助孕妈妈预防便秘。

食材可替换 熬米粥时,也可以加一些腰果或开心果,坚果的香味能增加孕妈妈的食欲。

孕 **7** 月

25~28 周
超过 1000 克
的胎宝宝

胎宝宝的脂肪增多了，体重在本月末约有1000克，相当于1个较大的成熟木瓜的重量，身体已经大得快碰到子宫壁了。

怀孕28周，肥胖和超重的孕妈妈总体重增长与孕前相比不宜超过6千克。孕前偏瘦和正常的孕妈妈，体重增长8~10千克都属正常。

妈妈宝宝变化

孕妈妈：睡眠变差了

由于大腹便便，孕妈妈重心不稳，所以在上下楼梯时必须十分小心。这段时间，如果母体受到外界的过度刺激，会有早产危险，应避免激烈的运动，更不宜做压迫腹部的姿势。如果心理负担过重或精神不好，会导致血压升高而引起头痛，所以孕妈妈要时常保持愉快的心情。

胎宝宝：像个小老头

这个月，胎宝宝的身长会达到35厘米，体重1000克左右，全身覆盖着一层细细的绒毛，身体开始充满整个子宫。胎宝宝的大脑细胞迅速增殖分化，舌头上的味蕾、眼睫毛这些小细节也在不断形成，还能够感觉到孕妈妈腹壁外的明暗变化。

妈妈宝宝营养情况速查

孕妈妈营养情况自测表（厘米）

宫高满28周	下限22.4	上限29	平均26
腹围满28周	下限82	上限94	平均87

定时量宫高和腹围，是了解孕妈妈身体营养状况的有效方法，平常可以在家人的协助下进行。需要特别提示的是，由于肚子越来越大，孕妈妈现在会看不到自己的脚，因此出行的时候要特别小心。

我的孕期进程：孕7月

LOADING...

备孕　　　孕1月　　　孕2月　　　孕3月　　　孕4月　　　孕5月　　　孕6月　　　孕7月

本月胚胎发育所需营养素	蛋白质、钙、DHA、维生素A、B族维生素 第26周，胎宝宝听力发展，呼吸系统正在发育 第28周，外生殖器官发育，听觉神经系统发育 完全，脑组织快速增殖

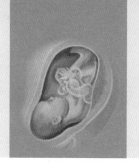

食物来源

蛋、鱼、海产品、肝、豆类、牛奶、黄绿色蔬菜

本月重点营养素

DHA

胎宝宝度过了"脑迅速增长期"，来到了孕7月。现在，他的大脑发育进入了一个高峰期。为保证胎宝宝大脑和视网膜的正常发育，仍要摄入足够的"脑黄金"。孕妈妈可以交替吃些核桃、花生等坚果，以及新鲜的海鱼。

卵磷脂

卵磷脂能够保障大脑细胞膜的健康和正常运行，保护脑细胞健康发育，是胎宝宝非常重要的益智营养素。黄豆、蛋黄、坚果、肉类及动物内脏中都含有卵磷脂。孕妈妈每天应大约摄入500毫克为宜。

B族维生素

B族维生素能帮助色氨酸转换为烟酸，以利于神经传导并减轻情绪波动现象。由于受到孕期激素的影响，心情波动比较大的孕妈妈，补充B族维生素是大有裨益的。鸡蛋、牛奶、深绿色蔬菜、谷类等食物中都含有B族维生素。

本月营养饮食原则

少食多餐

进入孕7月，胎宝宝通过胎盘吸收的营养是孕早期的5~6倍，除了正餐要吃好之外，加餐的质量也要给予重视。少食多餐是这一时期饮食的明智之举。一般来说，孕妈妈在正餐之后两个半小时到三个小时就可以加餐了。

不要太贪嘴

平时喜欢吃甜食的孕妈妈这个时候就不要太贪嘴了，要避免吃太甜的食物及含有人工甜味剂和人造脂肪的食物，包括白糖、糖浆及朱古力、可乐或添加人工甜味素的果汁饮料、含糖花生酱等。

专家答疑

? 胎宝宝偏小怎么办？

! 胎宝宝过小，首先要确定是营养不够还是孕周没有算对。如果是单纯的摄入不合理导致的营养不足，孕妈妈要注意平衡膳食，加餐时多吃水果、牛奶，正餐多吃肉类。如果是吸收的问题，就需要到医院进行诊断了。

孕妈妈一周科学食谱推荐

星期	一	二	三	四	五	六	日
早餐	南瓜包 小米粥 小葱拌豆腐	苹果粥 香芹拌豆角 牛奶	猪肉酸汤水饺 生菜沙拉	豆腐馅饼 (91页) 酸奶拌水果 (101页)	芝麻火烧 红薯小米粥 煮鸡蛋	牛奶 全麦面包 苹果	三鲜馄饨 鸡蛋 凉拌黄瓜
午餐	蛋炒饭 虾仁豆腐青菜 猪骨萝卜汤	鳗鱼饭 鸡蛋羹 青椒炒牛肉 炒土豆丝	米饭 凉拌藕片 西红柿炒鸡蛋 鸭肉冬瓜汤	青柠饭 枸杞松子爆 鸡丁 肉末炒芹菜	鸡丝面 银耳拌豆芽 家常焖鳜鱼 (90页)	南瓜包 清炒蚕豆 香菇山药鸡 鱼头豆腐汤	烙饼 熘肝尖 百合汤 香菇油菜
晚餐	麻酱面 香菇油菜 (90页) 红烧黄花鱼	米饭 西红柿炖牛腩 菠菜鱼片汤 浸醋花生	米饭 地三鲜 竹笋鲫鱼汤	莴笋猪肉粥 香干炒芹菜 (235页) 桂花糯米糖藕	冰糖五彩玉米粥 红烧黄鳝 凉拌蔬菜	花卷 猪骨萝卜汤 西红柿炒 鸡蛋	西红柿菠菜猪 肝面 孜然鱿鱼 (130页) 蜜汁南瓜
加餐	雪梨 紫米粥	牛奶 营养强化饼干 菠萝	牛奶 麦麸饼干 开心果	梨 黄豆芝麻粥 冬瓜蜂蜜汁	牛奶 烤馒头片 猕猴桃酸奶	苹果 葵花子 甘蔗姜汁	猕猴桃 松子 蛋糕

孕7月10种明星食材

带鱼
肉多且细，味美刺少，适合整个孕期食用。

莲子
少量食用可稳定情绪，改善睡眠。

香菇
味道鲜美，营养丰富，是孕期开胃补虚的好食材。

柠檬
含有丰富维生素C，帮助孕妈妈补养身体。

口蘑
有缓解便秘、促进排毒、辅助抗病毒的功效。

孕7月饮食禁忌

忌过量吃海鱼

近年来由于全球性的海洋污染，很多海域存在汞等重金属超标的问题。建议孕妈妈适量吃带鱼、黄花鱼等体积小的深海鱼，以及鲫鱼、鲤鱼等淡水鱼。少吃体积较大的深海鱼（如鲨鱼翅），这些鱼类汞含量较高，不利于身体健康。

忌过量摄入高蛋白食物

孕妈妈在孕中后期对蛋白质的需求比孕前期更多。但这并不意味着蛋白质多多益善，过量的高蛋白饮食会影响孕妈妈的食欲，并影响其他营养物质的摄入。此外，大量的蛋白质在体内可产生有害物质，加重肾脏排泄压力。

注意食物中的钠含量

除了盐为我们提供钠，我们从食物和调味品中也摄入了钠。因此，孕妈妈要注意食物和调味品中的含钠量。比如调味品是咸味的，孕妈妈则在烹调时要少放盐或不放盐。加工食品，钠的含量要比天然食物多得多，孕妈妈要少吃。

保健重点

多晒太阳

从孕中期开始，胎宝宝的生长发育开始加速，对钙的需求开始增加。要想钙吸收得好，必须有维生素D的参与，孕妈妈可以经常晒晒太阳。日晒不足的孕妈妈可以适当补充维生素D。

如何应对水肿

孕妈妈要经常走动，增加腿部血液循环。坐着要适当动动脚跟、脚趾，旋转脚踝关节。躺着可以在脚下垫个枕头，让脚高于心脏，有利于孕妈妈的血液循环。如果水肿严重就要及时就医。

轻柔护理乳房

孕期乳房护理能够促进乳腺发育，促进分娩后的泌乳。每天用温水和干净的毛巾擦洗乳头一次，将乳头上积聚的分泌物结痂擦洗干净，然后擦一点婴儿油并轻轻地按摩，增强皮肤的弹性。

香椿
开胃健脾，增强免疫力，并有润滑肌肤的作用。

鳕鱼
富含脂肪和维生素，被称为"餐桌上的营养师"。

红豆
孕期不可缺少的高营养、多功能的杂粮。

香蕉
帮助孕妈妈改善忧郁心情。

小米
使肤色暗淡的孕妈妈面色红润。

营养菜品

菜 青菜冬瓜鲫鱼汤

原料:鲫鱼1条,青菜50克,冬瓜100克,盐适量。

做法:①鲫鱼处理干净后,放入油锅中煎炸至两面微黄,放入冬瓜,加适量水煮沸。②青菜洗净切段,放入鲫鱼汤中,煮熟后加盐调味即可。

功效:此汤富含卵磷脂,能为胎宝宝的大脑发育提供必需营养素。

食材可替换 鲫鱼与金针菇熬汤,出锅前加点香葱,鲜香可口,鱼肉细腻。

菜 双鲜拌金针菇

原料:金针菇200克,鱿鱼1条,熟鸡肉100克,姜片、盐、香油各适量。

做法:①金针菇洗净,焯烫,沥水,盛入碗内;熟鸡肉切丝。②鱿鱼去净外膜,切成细丝,与姜片一起焯熟。③将上述食材加盐、香油拌匀即可。

功效:金针菇含有丰富的氨基酸,可促进胎宝宝智力发育。

食材可替换 金针菇与青红椒、猪肉丝同炒,香气浓郁,颜色诱人。

菜 芝麻酱拌苦菊

原料:苦菊100克,芝麻酱、盐、醋、白糖、蒜泥各适量。

做法:①苦菊洗净后沥干水。②芝麻酱用适量温开水化开,加入盐、白糖、蒜泥、醋搅拌成糊状。③把拌好的芝麻酱倒在苦菊上,拌匀即可。

功效:此菜水分充足,并富含维生素,是孕妈妈清热降火的美食佳品。

食材可替换 苦菊还可以用油菜或生菜代替,爽口又补水,能使孕妈妈皮肤更好。

我的孕期进程:孕7月

LOADING...

| 备孕 | 孕1月 | 孕2月 | 孕3月 | 孕4月 | 孕5月 | 孕6月 | 孕7月 |

营养菜品

菜 京酱西葫芦

原料:西葫芦300克,枸杞子、盐、料酒、甜面酱、水淀粉、姜末、高汤各适量。

做法:①西葫芦洗净,切片。②锅中倒入姜末翻炒,加甜面酱、枸杞子继续翻炒,然后倒入高汤,依次放入料酒、盐,再放入西葫芦片。③待西葫芦熟后,用水淀粉勾芡,小火收干汤汁。

功效:西葫芦热量低,做法多样,特别适合孕妈妈在孕中期食用。

食材可替换 佛手瓜代替西葫芦炒食,清淡开胃,孕妈妈常吃还有利于胎宝宝智力的提升。

菜 蜜汁南瓜

原料:南瓜500克,红枣、白果、枸杞子、蜂蜜、白糖、姜片各适量。

做法:①南瓜去皮、切丁;红枣、枸杞子用温水发开。②切好的南瓜丁放入盘中,加入红枣、枸杞子、白果、姜片,入蒸笼蒸15分钟。③锅洗干净,放少许油,加水、白糖和蜂蜜,小火熬制成汁,倒在南瓜上即成。

功效:南瓜含有丰富的膳食纤维和维生素及碳水化合物,是适合孕妈妈的极好食材。

食材可替换 南瓜用红薯代替,加红枣、蜂蜜一同蒸食,能使孕妈妈的肠道更健康。

菜 香肥带鱼

原料:带鱼1条,牛奶150毫升,熟芝麻、盐、干淀粉各适量。

做法:①带鱼切成长段,然后用盐拌匀,腌制10分钟,再拌上干淀粉。②将带鱼段入油锅炸至金黄色时捞出。③锅内加适量水,再放入牛奶,待汤汁烧开时放盐、干淀粉,不断搅拌,最后撒入熟芝麻,浇在带鱼段上。

功效:带鱼中蛋白质含量丰富,对孕妈妈有一定的补益作用。

食材可替换 沙丁鱼做成糖醋味,出锅时加点熟芝麻,口感更好。

花样主食

主食 西红柿面疙瘩

原料: 西红柿1个, 鸡蛋1个, 面粉80克, 盐适量。

做法: ①面粉中边加水边用筷子搅拌成颗粒状; 鸡蛋打散; 西红柿洗净, 切小块。②锅中放油, 放西红柿煸出汤汁, 加水烧沸。③将面粉慢慢倒入西红柿汤中, 煮3分钟后, 淋入蛋液, 放盐调味。

功效: 鸡蛋中卵磷脂的含量十分丰富, 能有效促进胎宝宝身体比例更加协调。

食材可替换 用西红柿、鸡蛋、菠菜做汤, 盛在煮熟的面条里拌匀食用, 吃面、菜, 喝汤, 开胃又营养。

主食 红烧牛肉面

原料: 牛肉50克, 面条100克, 葱段、香菜末、酱油、盐各适量。

做法: ①葱段、酱油、盐放入沸水中, 用大火煮4分钟, 制成汤汁。②将牛肉放入汤汁中煮熟, 取出晾凉, 切片。③面条放入汤汁中, 大火煮熟后, 盛入碗中, 放入牛肉片, 撒上香菜末即可。

功效: 此面易于消化吸收, 味道鲜美, 有助于增强免疫力。

食材可替换 面条煮熟后, 过凉水, 加牛肉酱、黄瓜丝、香葱一同拌匀, 适合在炎热的夏季食用。

主食 西红柿菠菜面

原料: 西红柿、菠菜各50克, 切面100克, 鸡蛋1个, 盐适量。

做法: ①鸡蛋打匀成蛋液; 菠菜洗净, 切段; 西红柿切块。②油锅烧热, 放入西红柿块煸出汤汁, 加水烧沸, 放入面条, 煮至完全熟透。③将蛋液、菠菜段放入锅内, 用大火再次煮开, 出锅时加盐调味。

功效: 西红柿菠菜面可增强食欲, 还有利于孕妈妈的消化吸收。

食材可替换 茄子切成丁, 与西红柿、肉末一同炒熟, 加汤熬煮, 拌面条吃味道鲜美。

我的孕期进程: 孕7月

LOADING...

| 备孕 | 孕1月 | 孕2月 | 孕3月 | 孕4月 | 孕5月 | 孕6月 | 孕7月 |

美味汤粥

(粥) 花生紫米粥

原料: 紫米150克,花生仁50克,白糖适量。

做法: ①紫米洗净,放入锅中,加适量水煮30分钟。②放入花生仁煮至熟烂,加白糖调味即可。

功效: 此粥中B族维生素含量丰富,对孕妈妈有补益作用。

食材可替换 紫米、粳米、红枣一同熬粥,软糯香甜,早上喝一碗,全身都暖洋洋的。

(粥) 核桃仁枸杞紫米粥

原料: 紫米、核桃仁各50克,枸杞子10克。

做法: ①紫米洗净,浸泡30分钟;核桃仁拍碎;枸杞子拣去杂质,洗净。②将紫米放入锅中,加适量水,大火煮沸,转小火继续煮30分钟。③放入核桃仁碎与枸杞子,继续煮至食材熟烂即可。

功效: 核桃富含镁、钾、必需脂肪酸等营养,孕妈妈常吃有助于健康。

食材可替换 紫米还可以与葡萄干、花生仁、红枣熬成香甜的紫米粥。

(粥) 莴笋猪肉粥

原料: 莴笋50克,粳米100克,猪瘦肉150克,料酒、盐、葱花各适量。

做法: ①莴笋去皮、洗净,切细丝;粳米淘洗干净;猪瘦肉洗净,切成末,放入碗内,加少许料酒、盐,腌10分钟。②锅中放入粳米,加水大火煮沸,加入莴笋丝、猪肉末,改小火煮至米烂时,加盐、葱花搅匀即可。

功效: 莴笋含膳食纤维、钾、钙、磷、铁等,具有缓解孕期水肿的功效。

食材可替换 猪肉换成猪肝,不仅营养全面,而且可以预防孕妈妈缺铁性贫血。

孕8月　　孕9月　　孕10月　　产后第1周　　产后第2周　　产后第3周　　产后第4周　　产后第5周　　产后第6周

孕8月

29~32 周
小不点有点沉

胎宝宝的身长达到 40 厘米，体重达到 1700 克，相当于 2 个小型哈密瓜的重量。

到本月末，肥胖和超重孕妈妈的体重增长（与孕前相比）应控制在 7 千克以下。孕前偏瘦和体重正常的孕妈妈，总体重增长宜在 9~12 千克。

妈妈宝宝变化

孕妈妈：行动越来越吃力

到这个月，孕妈妈行动越来越吃力。因为子宫上升到了横膈膜处，呼吸受压迫，时常喘不上气来。吃完东西之后有"顶"的感觉，食欲下降。这个月的胎动感觉明显减少，肚子偶尔会一阵阵发硬发紧，这是不规则宫缩的表现，不必过分担心。

胎宝宝：就要倒过来了

这个月末，胎宝宝会增长到 1700 克左右，随着皮下脂肪的出现，身体逐渐丰满，头发变浓密，眼睛会睁开寻找孕妈妈腹壁外的光源，肺和胃肠功能也更接近成熟。现在胎宝宝的身体就要倒转过来，做好头向下的体位准备了。

妈妈宝宝营养情况速查

孕妈妈营养情况自测表（厘米）

宫高满32周	下限25.3	上限32	平均29
腹围满32周	下限84	上限95	平均89

从孕 29 周到孕 40 周，理论上被称为孕晚期。大多数孕妈妈在这一阶段将增重 5 千克左右。现在胎宝宝正在为出生做最后的冲刺。这个时期，孕妈妈的体重每周增加 500 克也是正常的。

如果体重增长过多，孕妈妈就应该根据医生的建议适当控制饮食，少吃富含淀粉和脂肪的食物，多吃蛋白质、维生素含量高的食物，控制体重，以免胎宝宝生长过大，造成分娩困难。

我的孕期进程：孕 8 月

备孕	孕1月	孕2月	孕3月	孕4月	孕5月	孕6月	孕7月

本月胚胎发育所需营养素	蛋白质、α-亚麻酸、铁、脂肪、碳水化合物、B族维生素 第32周,胎宝宝肺和消化系统发育完成,身长增长趋缓,体重迅速增加	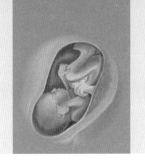	**食物来源** 蛋、肉、鱼、牛奶、绿叶蔬菜、糙米

本月重点营养素

α-亚麻酸

在怀孕的最后3个月,孕妈妈体内会产生两种和DHA生成有关的酶。在这两种酶的帮助下,胎宝宝的肝脏可以利用母血中的α-亚麻酸来生成DHA,帮助完善大脑和视网膜发育。孕妈妈应多吃些坚果,如核桃等。

碳水化合物

第8个月,胎宝宝开始在肝脏和皮下储存糖原及脂肪,此时孕妈妈要及时补充足够的碳水化合物,否则就容易造成蛋白质缺乏或酮症酸中毒。这个时候要结合孕妈妈的体重,每日摄入主食的量要控制在200~450克之间。

铁

孕晚期补铁至关重要,尤其在妊娠最后3个月,胎宝宝除了造血之外,脾脏也需要储存一部分铁。如果此时储铁不足,宝宝在婴儿期很容易发生贫血,孕妈妈也会因缺铁而贫血,可适当多吃些动物的肝、瘦肉、动物血等。

本月营养饮食原则

主食量要合理

孕29~40周的孕晚期阶段,胎宝宝生长速度最快,很多孕妈妈体重仍会稳步增加。这个阶段除正常饮食外,还要注意主食的粗细搭配。每天吃1~2个水果即可,以免孕妈妈自身体重增长过快,以及胎宝宝长得过大。

时刻警惕营养过剩

孕晚期如果营养过剩,可能会引发妊娠糖尿病和增加妊娠高血压综合征发生的风险,直接导致分娩困难。如果孕妈妈身体是健康的,就没有必要盲目乱补。平时所吃食物尽量多样化,多吃新鲜蔬菜,少吃高盐、高糖食物。

 专家答疑

? 豆制品能代替奶制品补钙吗?

! 豆制品包括豆浆以及用凝固剂做成的豆腐皮、豆腐。黄豆本身含的钙量有限,做成豆制品后钙量一般也不会太高,而且差异较大。鼓励孕妈妈吃豆制品,但是不鼓励用豆制品替换牛奶,牛奶不仅可以补钙,还可以补充蛋白质。

LOADING...

孕8月　　孕9月　　孕10月　　产后第1周　　产后第2周　　产后第3周　　产后第4周　　产后第5周　　产后第6周

孕妈妈一周科学食谱推荐

星期	一	二	三	四	五	六	日
早餐	豆包 牛奶 凉拌芹菜	三鲜馄饨 鸡蛋	莴笋粥 鸡蛋 生菜沙拉	蛋黄紫菜饼 牛奶	烧饼 鸡蛋 小米粥	葱花饼 牛奶无花果粥 香菇油菜	小米红枣粥 （124页） 鸡蛋 苹果
午餐	黑豆饭 什锦烧豆腐 山药牛肉汤 芝麻拌菠菜	豆腐馅饼 （91页） 肉末炒芹菜 清炒油麦菜	香椿蛋炒饭 凉拌藕片 鸭肉冬瓜汤	鸡丝面 板栗扒白菜 葱爆酸甜 牛肉（106页）	咸蛋黄炒饭 桂花糯米糖藕 海参青菜豆 腐煲	米饭 蜜汁南瓜 鱼头豆腐汤 炝炒土豆丝	二米饭 软熘腰花丁 木耳青菜蛋汤
晚餐	紫苋菜粥 香干芹菜 冬瓜虾球	荞麦凉面 西红柿炒鸡蛋 菜心炒牛肉 （98页）	猪血鱼片粥 清炒油麦菜 牛肉饼（91页）	米饭 醋熘白菜 香菇山药鸡 橙子胡萝 卜汁	馒头 豆芽炒猪肝 胡萝卜肉丝汤	豆角肉丁面 凉拌鱼皮菜丝 肉末蒸蛋	虾仁肉末焖饭 海米西葫芦 咸蛋黄焗玉 米粒
加餐	酸奶 麦麸饼干 开心果	牛奶 全麦面包 菠萝	牛奶 苹果 松子	黄豆芝麻粥 榛子 香蕉	酸奶 烤馒头片 杏仁	木瓜 核桃 葡萄	牛奶 板栗 猕猴桃汁

孕❽月10种明星食材

小米
是孕妈妈补养身体的佳品。

黑豆
含有丰富的蛋白质、维生素、矿物质等营养成分。

荞麦
常作为孕期的保健食品。

奶酪
乳品中的"黄金"，是孕妈妈补钙的极佳选择。

鸭肉
餐桌上的美味佳肴，孕妈妈可以适量多食用。

孕8月饮食禁忌

忌多吃冷凉食物

孕妈妈在孕后期容易感觉身体发热、胸口发慌,特别想吃点凉凉的东西。此时虽然可以适当吃一点,但如果吃太多过冷的食物,会让腹中的小宝贝躁动不安,并且对内脏刺激较大,易导致腹泻。

忌饭后立即吃水果

由于食物进入胃里需要经过一两个小时的时间消化,如果饭后立即吃水果,先到达胃里的食物会阻滞对水果的消化,使水果在胃内的时间过长,从而引起腹胀、腹泻或便秘的症状,所以孕妈妈宜在饭前或两餐之间吃水果。

忌多吃月饼和蜜饯

月饼多为"重油重糖"之品,能量多且不易消化,孕妈妈不宜多吃。蜜饯中糖分含量高,而且制做过程中可能会添加人工色素等食品添加剂,有可能给胎宝宝的发育带来一定影响,建议孕妈妈忌食。

保健重点

孕妈妈不要攀高

怀孕以后,攀高是被禁止的。很多孕妈妈6个月还站在凳子上拿东西。但孕晚期肚子大了以后,拿高处物品变得比较困难,沉沉的肚子会让孕妈妈的背部受力较大,造成肌肉拉伤。

不宜留长指甲

孕妈妈一定要勤修剪指甲,因为长指甲易藏污纳垢,有时指甲缝里会隐藏着细菌或真菌,如不慎抓破皮肤,可能引起继发性感染。如碰触内裤,还可能会使真菌进入阴道,受到病菌侵害。

避免过早入院

毫无疑问,临产时身在医院是最保险的。但医院不可能像家中那样舒适、方便;孕妈妈入院后较长时间不临产,会产生紧迫感。产科病房内的每一件事也都可能影响孕妈妈的情绪。

蚕豆

炒菜、凉拌、当小零食都可以,是很好的开胃食物。

丝瓜

为孕妈妈补充丰富的维生素。

金针菇

有利于胎宝宝大脑发育。

芹菜

有益消化,预防妊娠高血压。

豆角

调理消化系统,预防妊娠高血压。

营养菜品

菜 南瓜蒸肉

原料:小南瓜1个,猪肉150克,酱油、甜面酱、白糖、葱末各适量。

做法:①南瓜洗净,在瓜蒂处开一个小盖子,挖出瓜瓤。②猪肉洗净切片,加酱油、甜面酱、白糖、葱末拌匀,装入南瓜中,盖上盖子,蒸2小时取出即可。

功效:这是一道为孕妈妈和胎宝宝补充蛋白质和维生素的最佳食物。

食材可替换 南瓜还可以用小冬瓜代替,孕妈妈常吃可预防水肿的发生。

菜 西红柿焖牛肉

原料:牛肉150克,西红柿1个,水淀粉、酱油、白糖、姜片、高汤各适量。

做法:①牛肉洗净,入锅,加姜片和水,小火炖烂。②捞出牛肉晾凉,切块;西红柿切块。③锅内放油,煸炒西红柿,再放酱油、白糖、姜片、高汤拌匀,然后放入牛肉块,小火煮五六分钟,最后用水淀粉勾芡。

功效:牛肉中的蛋白质、铁等营养成分,可为胎宝宝的发育提供充足的营养素。

食材可替换 西红柿炒出汤汁,放入鱼肉,再加水焖熟,一道西红柿鱼就做成了。

菜 丝瓜金针菇

原料:丝瓜150克,金针菇100克,盐、水淀粉各适量。

做法:①丝瓜洗净后,去皮切段。②金针菇洗净,放入沸水中略焯。③油锅中放入丝瓜翻炒,再放金针菇拌炒,熟后用盐调味,用水淀粉勾芡即可。

功效:此菜含钾较多,有利于孕妈妈的肠道健康。

食材可替换 丝瓜与金针菇、豆腐一同做汤,是夏日的一道清淡汤品,还能使孕妈妈的皮肤更嫩滑。

我的孕期进程:孕8月

| 备孕 | 孕1月 | 孕2月 | 孕3月 | 孕4月 | 孕5月 | 孕6月 | 孕7月 |

花样主食

主食 荞麦凉面

原料:荞麦面100克,酱油、海苔丝、熟白芝麻、醋、盐、白糖各适量。

做法:①荞麦面煮熟,捞出,用凉开水冲凉,加酱油、醋、盐、白糖搅拌均匀。②荞麦面上再撒上海苔丝和熟白芝麻。

功效:荞麦中蛋白质含量高于一般谷类食物,还有助于孕妈妈控制体重。

食材可替换 黄豆面与面粉混合,做面条吃,爽滑味香,别具风味。

主食 豆角焖米饭

原料:粳米200克,豆角100克,盐适量。

做法:①豆角、粳米洗净。②豆角切粒,放在油锅里略炒一下。③将豆角粒、粳米放在电饭锅里,再加入比焖米饭时稍多一点的水焖熟,再根据自己的口味适当加盐即可。

功效:豆角含有丰富的蛋白质、维生素等营养素,对胎宝宝此阶段的发育非常有帮助。

食材可替换 粳米与黄豆、豌豆一同焖米饭,吃起来更有嚼头,米饭更香。

主食 玫瑰汤圆

原料:糯米粉200克,黑芝麻糊100克,玫瑰蜜1小匙,白糖、黄油、盐各适量。

做法:①黑芝麻糊加黄油、白糖、玫瑰蜜、盐搅匀成馅料。②糯米粉加温水调成面团,揉光,做剂子,包入馅料做成汤圆。③汤圆入沸水锅中,小火煮至汤圆浮出水面1分钟即可。

功效:此汤富含矿物质和有益脂肪酸,可使孕妈妈身体更强壮。

食材可替换 汤圆的馅料可以替换成五仁的、蓝莓酱的,根据自己的口味随意更换。

LOADING...

孕8月　　孕9月　　孕10月　　产后第1周　　产后第2周　　产后第3周　　产后第4周　　产后第5周　　产后第6周

美味汤粥

汤 橘瓣银耳羹

原料: 银耳15克，橘子1个，冰糖适量。

做法: ①将银耳泡发后去掉黄根与杂质，洗净备用。②橘子去皮，掰成瓣，备用。③将银耳放入锅中，加适量水，大火烧沸后转小火，煮至银耳软烂。④将橘瓣和冰糖放入锅中，再用小火煮5分钟即可。

功效: 此羹营养丰富，而且具有滋养肺胃、生津润燥、理气开胃的功效，孕妈妈可常吃。

食材可替换 银耳泡发好后，用蒜末、白糖、醋、盐、香油凉拌食用，就成了美味的菜肴。

汤 蛤蜊白菜汤

原料: 蛤蜊250克，白菜100克，姜片、盐、香油各适量。

做法: ①在水中滴入少许香油，将蛤蜊放入，让蛤蜊彻底吐净泥沙，冲洗干净，备用。②白菜切块。③锅中放水、盐和姜片煮沸，把蛤蜊和白菜一同放入。④转中火继续煮，蛤蜊张开壳，白菜熟透后即可关火。

功效: 蛤蜊中钾、锌含量丰富，可为胎宝宝四肢及消化系统的发育提供营养。

食材可替换 酱料稀释后，放在煮蛤蜊的水中，就成了美味的酱香蛤蜊。

粥 木耳粥

原料: 木耳15克，粳米150克。

做法: ①将木耳用温水发透，撕成瓣状；粳米洗净。②将粳米、木耳放入锅内，加水，用大火烧沸，再用小火煮至米烂即可。

功效: 木耳粥中富含碳水化合物、铁等营养成分，可为孕妈妈补充铁和能量。

食材可替换 粳米与紫薯一同放入电压力煲中，煮好后倒入料理机，调入适量炼乳，搅拌成香甜的米糊食用。

我的孕期进程: 孕8月

备孕　孕1月　孕2月　孕3月　孕4月　孕5月　孕6月　孕7月

健康饮品

饮 牛奶香蕉木瓜汁

原料:木瓜100克,香蕉1根,牛奶200毫升。

做法:①将木瓜洗净去子,去皮,切块;香蕉去皮,切块。②把切好的木瓜和香蕉放入榨汁机中搅打成汁,加入牛奶拌匀即可。

功效:果汁中维生素C含量丰富,可满足胎宝宝对维生素的需求。

食材可替换 木瓜切块,与酸奶一同倒入料理机中,搅打均匀,就成了消食解腻的木瓜酸奶。

饮 西米猕猴桃羹

原料:西米100克,猕猴桃2个,枸杞子、白糖各适量。

做法:①西米洗净,用水泡2小时。②猕猴桃去皮切成粒,枸杞子洗净。③锅里放适量水烧开,放西米煮3分钟,加猕猴桃、枸杞子、白糖,用小火煮透即可。

功效:香甜可口的西米猕猴桃羹,可为孕妈妈补充维生素。

食材可替换 西米煮熟盛入碗内,加菠萝丁、火龙果丁、草莓丁、蜂蜜调匀,缤纷可口的水果西米露就做好了。

饮 橙子胡萝卜汁

原料:橙子2个,胡萝卜1根。

做法:①橙子去皮,取果肉;胡萝卜洗净,去皮切块。②将胡萝卜块和橙子肉一同放入榨汁机,加适量凉开水,榨汁即可。

功效:这道饮品中含有丰富的维生素C和胡萝卜素,具有强效的抗氧化功效,非常适合胃口不佳的孕妈妈饮用。

食材可替换 橙子与苹果、草莓一同榨汁,味道甘甜,还可解油腻。

LOADING...

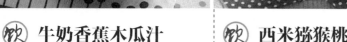

孕8月　　孕9月　　孕10月　　产后第1周　　产后第2周　　产后第3周　　产后第4周　　产后第5周　　产后第6周

本月胎宝宝身长45厘米，体重达到2500克，相当于2个中型哈密瓜的重量，而孕妈妈肚子大得连肚脐眼都凸出来了。

到本月末，肥胖孕妈妈体重增长上限为8千克；超重孕妈妈体重增长上限为10千克；孕前偏瘦或体重正常孕妈妈，体重增长12~14千克都是比较合适的。

妈妈宝宝变化

孕妈妈：最困难的时刻开始了

由于胎头进入骨盆，孕妈妈可能会再度出现尿频的症状。身体关节出现疼痛，这是身体正在为分娩做准备。随着胎宝宝位置的下移，大约孕34周时，孕妈妈会觉得呼吸和进食舒畅多了。

胎宝宝：更像个小婴儿

这个月胎宝宝会长到大约2500克，皮下脂肪大大增加，呼吸系统、消化系统、生殖器官发育已近成熟。此时胎宝宝出生存活率为99%。这个月末，胎头开始降入骨盆，位置尚未完全固定。偶尔孕妈妈会感觉到胎宝宝部分身体的轮廓。

妈妈宝宝营养情况速查

孕妈妈营养情况自测表（厘米）

宫高满36周	下限29.8	上限34.5	平均32
腹围满36周	下限86	上限98	平均92

此时，孕妈妈的体重以每周约500克的速度增长，几乎有一半重量长在了胎宝宝身上。

这个月末，孕妈妈体重的增长已达到最高峰，大部分孕妈妈已增重11~13千克。

Tips: 夜里饿醒了怎么办

肚子里的胎宝宝在飞速生长，很多孕妈妈有夜间被饿醒的经历，这时可以吃2片饼干加上1杯奶，或2块豆腐干、2片牛肉，漱漱口，再接着睡。

我的孕期进程: 孕9月

本月胚胎发育所需营养素	钙、锌、铁、蛋白质、脂肪、碳水化合物 第36周，胎宝宝各组织器官发育接近成熟，长出一头胎发

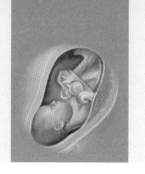

食物来源

蛋、肉、鱼、牛奶、土豆、玉米

本月重点营养素

钙

妊娠全过程皆需补钙，但妊娠后期钙的需求量明显增加。此时孕妈妈每天需要摄入1000~1200毫克的钙，每天2杯牛奶有时不能满足所需，孕妈妈需要再吃些豆腐或虾。另外，是否需要补充钙剂要听医生的建议。

锌

锌可以在分娩时促进子宫收缩，使子宫产生强大的收缩力，将胎宝宝推出子宫。孕妈妈最好在本月就开始适当摄入含锌食物，到分娩时就能动用体内的锌储备了。孕妈妈可以从日常的海产品、鱼类、肉类食品中补充锌。

铁

铁是构成人体血红蛋白的主要原料。孕期缺铁性贫血是个普遍存在的营养缺乏病，尤其是孕晚期需铁量增加，所以孕妈妈要注意日常饮食中铁的摄入量，孕晚期妈妈对铁的需求量为每日29毫克，来源以猪肝为主。

本月营养饮食原则

继续坚持少食多餐

进入怀孕的最后两个月了，此时孕妈妈肠道很容易受到压迫，从而引起便秘或腹泻，导致营养吸收不良或者营养流失，所以，孕妈妈最好继续坚持少吃多餐的饮食原则，而且要吃一些口味清淡、容易消化的食物。

营养均衡防高危妊娠

避免高危妊娠需要保持营养均衡。营养不良、贫血的孕妈妈分娩的新生儿，更要给予足够的营养。对伴有胎盘功能减退、胎宝宝宫内生长迟缓的孕妈妈，要多吃些高蛋白的食物，保证足量的维生素和钙、铁。

 专家答疑

？ 每个孕妈妈都需要喝孕妇奶粉吗？

！ 孕妇奶粉对营养进行了一定的调整，所以比普通奶粉的营养更均衡全面，相对也更容易消化吸收。但从价格和味道上来说并不占优势。所以如果饮食均衡，食欲不错，胎宝宝发育良好的孕妈妈不一定必须选择孕妇奶粉。

LOADING...

孕妈妈一周科学食谱推荐

星期	一	二	三	四	五	六	日
早餐	芝麻松饼 牛奶 凉拌紫甘蓝	玉米粥 鸡蛋 香芹拌豆角	芝麻糊 鸡蛋 生菜沙拉	奶香玉米饼 猪肝粥	鸡蛋 椰味红薯粥 （133页）	豆浆 面包 香蕉	牛奶 鸡蛋饼 蒜泥茼蒿
午餐	米饭 鱿鱼炒茼蒿 核桃仁莲藕汤	黑豆饭 什锦烧豆腐 冬瓜海带排骨汤	米饭 凉拌藕片 清蒸鱼 菠菜紫菜汤	扁豆焖面 虾仁豆腐 （58页） 香菇炖鸡	虾肉水饺 油烹茄条 （155页） 银耳百合汤	南瓜饼 清蒸排骨 鱼头白菜豆腐汤	糯米鸡块饭 虾皮紫菜汤 （64页） 木耳炒油菜
晚餐	西红柿鸡蛋面 香菇油菜 （90页） 清蒸鱼	花卷 牛肉粥 炒荷兰豆	米饭 木耳娃娃菜 豆焖鸡翅	牛肉饼（91页） 香干炒芹菜 （235页） 胡萝卜肉末粥	红薯甜煎饼 西红柿炖牛腩 丝瓜汤	玉米面发糕 香菇肉粥 盐水猪肝	碎菜瘦肉粥 抓炒鱼片青菜 莲藕橙汁
加餐	橘子 牛奶 板栗	牛奶 烤馒头片 红豆西米露	牛奶 麦麸饼干 开心果	松子 荸荠鸭梨水	牛奶 三明治 菠萝	橙子 核桃 酸奶	红枣 杏仁 柚子 牛奶

孕❾月10种明星食材

莲藕

孕妈妈开胃消食的好食材。1

虾皮

物美价廉的补钙佳品。2

紫菜

为孕妈妈补碘。3

牛肉

孕妈妈常吃可预防贫血，为生产助力。4

黄瓜

孕妈妈补充维生素的优选食材。5

孕9月饮食禁忌

忌过量吃李子

李子具有生津止渴、清肝除热、利水等功效。但也含大量的果酸，吃多了不仅会伤脾胃，还会腐蚀牙齿诱发龋齿。中医认为，李子吃多了还会使人生痰、助湿、发虚热、头昏脑涨。脾胃虚弱的孕妈妈最好不要吃。

忌常吃腐竹

腐竹是一种营养丰富又可以为人体提供均衡能量的优质豆制品。但由于脂肪含量高，过多食用会使热量的摄入增加，体重增加太快的孕妈妈不要常吃，以免使体重超标，可在吃腐竹时适当减少肉类和油脂的摄入。

忌空腹喝酸奶

在空腹喝酸奶时，乳酸菌很容易被胃酸杀死，其营养价值和保健作用就会大大减弱。另外，酸奶也不能加热喝，因为活性乳酸菌在高温环境下很容易被破坏。一般来说，在饭后30分钟到2个小时之间饮用酸奶效果最佳。

保健重点

宜做产道肌肉收缩运动

孕晚期，孕妈妈可适当做一些有助于分娩的运动，如产道肌肉收缩运动。运动前应先排空小便，姿势不拘，采取站、坐、卧位均可。利用腹肌收缩，使尿道口和肛门处的肌肉尽量向上提。

不宜轻视孕晚期尿频

尿频是孕晚期孕妈妈的共同症状，是由于子宫增大或胎头入盆后压迫膀胱所致，如不伴有尿痛及烧灼感即不必担心。若是尿频、尿痛甚至有血尿，有可能是泌尿系统感染，应及时就医。

警惕胎膜早破

如果孕妈妈尚未到临产期，从阴道突然流出无色无味的水样液体，为胎膜早破。胎膜早破可刺激子宫，引发早产，影响母子健康，甚至可能发生意外，遇到这种情况需要立即找医生咨询。

冬笋
有助于孕妈妈预防便秘。

西葫芦
搭配可荤可素，是非常适合孕妈妈的营养蔬菜。

菠萝
给孕妈妈开胃生津的优质水果。

绿豆
兼具食用和药用价值，为孕妈妈补充能量和活力。

鸡翅
适量食用可增强皮肤弹性。

营养菜品

菜 洋葱小牛排

原料: 牛排150克,洋葱25克,蛋清1个、盐、酱油、白糖、水淀粉各适量。

做法: ①牛排洗净,切薄片;洋葱去皮,洗净,切成块。②牛肉片中加入蛋清、盐、酱油、白糖、水淀粉搅拌均匀。③油锅烧热,放入牛肉片、洋葱煸炒,调入酱油,加盐调味。

功效: 牛肉中富含铁,可满足胎宝宝储存铁的需要。

食材可替换 牛肉末、香菇、洋葱一同做成丸子,入锅炸熟,当菜吃或做汤都很美味。

菜 西红柿烧茄子

原料: 茄子400克,青椒、西红柿各1个,蒜、香葱、盐、酱油各适量。

做法: ①茄子洗净,切成滚刀块,撒些盐,静置20分钟,用手挤出水分。②青椒、西红柿洗净,切块;蒜切片,入油锅炒香,加入西红柿、青椒同炒。③倒入茄子,烧煮至熟时,用酱油调色,撒些香葱即可出锅。

功效: 茄子中富含维生素、钙、铁等营养成分,孕妈妈多吃茄子有利于胎宝宝的健康。

食材可替换 茄子丁、洋葱丁、香菇丁、虾肉一同做馅,包饺子,煮熟后咬一口,馅料中还有汤汁,非常美味。

菜 香豉牛肉片

原料: 牛肉200克,芹菜100克,鸡蛋清、姜末、盐、酱油、豆豉、干淀粉、高汤各适量。

做法: ①牛肉洗净,切片,加盐、鸡蛋清、干淀粉拌匀;芹菜洗净,切段。②油锅下牛肉片滑散至熟,捞出。③锅中放入豆豉、姜末略煸,倒入芹菜翻炒,倒入高汤、酱油和牛肉片炒至熟透。

功效: 此菜特别适宜孕妈妈补铁、修复组织等。

食材可替换 芹菜还可以与腰果同炒做菜,芹菜清脆爽口,腰果香脆,口感非常好。

我的孕期进程: 孕9月

备孕	孕1月	孕2月	孕3月	孕4月	孕5月	孕6月	孕7月

营养菜品

 琵琶豆腐

原料:豆腐2块,虾4只,油菜4棵,蛋清1个,香油、酱油、蚝油、水淀粉、干淀粉、白糖、盐、姜片各适量。

做法:①虾取肉,加盐略腌,拍烂,加入豆腐拌匀。②油菜洗净,焯烫,拌油菜蒸5分钟后取出。③虾肉和豆腐蘸上蛋清,撒适量淀粉,炸至微黄色盛起。④油锅爆香姜片,加水淀粉、酱油、香油、蚝油、白糖、盐勾芡,煮沸后淋在琵琶豆腐上,拌以油菜。

功效:此菜锌、蛋白质含量丰富。

食材可替换 香菇、油菜、豆腐一同做汤,味道清淡,解渴又解腻。

菜 西红柿鸡片

原料:鸡肉100克,荸荠20克,西红柿1个,水淀粉、盐、白糖各适量。

做法:①鸡肉洗净,切片,放入碗中,加盐、水淀粉腌制。②荸荠洗净,切片;西红柿洗净,切丁。③锅中放鸡片,炒至变白,放入荸荠片、盐、白糖、西红柿丁,烧熟用水淀粉勾芡。

功效:此菜富含蛋白质、维生素等,可以提高孕妈妈的食欲。

食材可替换 荸荠与羊肉做馅,包饺子或馄饨吃,咬一口会有丝丝香甜,让人越吃越爱吃。

菜 油烹茄条

原料:茄子1个,胡萝卜1/2根,鸡蛋1个,水淀粉、盐、酱油、醋、葱丝、蒜片各适量。

做法:①茄子去蒂,洗净去皮,切条,放入鸡蛋和水淀粉挂糊抓匀;胡萝卜切丝;碗内放酱油、盐、醋兑成汁。②茄条炸至金黄色。③锅内留底油,烧热后放葱丝、蒜片、胡萝卜丝,再放茄条,迅速倒入兑好的汁,翻炒几下装盘。

功效:茄子中钙、磷、铁含量丰富,有利于胎宝宝的发育。

食材可替换 茄子与豆角一同烧炖,出锅前加点蒜末,清香软烂,还很开胃。

花样主食

虾仁蛋炒饭

原料:米饭1碗,香菇3朵,虾仁5个,胡萝卜1/2根,鸡蛋1个,盐、料酒、蒜末各适量。

做法:①香菇洗净,切丁;胡萝卜切丁;虾仁加入料酒腌5分钟;鸡蛋打入碗中。②油锅烧热,放入鸡蛋液迅速炒散成蛋花,盛出。③油锅下蒜末炒香,加虾仁翻炒,倒入香菇丁、胡萝卜丁、米饭,拌炒均匀;再加入盐、鸡蛋,翻炒入味。

功效:虾仁富含蛋白质,有利于胎宝宝生长。

> **食材可替换** 炒饭的食材可以随孕妈妈的口味进行变换,海鲜、水果都可以用来炒饭。

雪菜肉丝面

原料:面条、瘦肉各100克,雪菜末50克,料酒、盐、葱花各适量。

做法:①瘦肉切丝,加料酒拌匀。②油锅中放入瘦肉翻炒,加葱花、雪菜末,翻炒几下,加盐调味,熟后盛出。③面条煮熟后,将炒好的雪菜肉丝放在面条上即可。

功效:此菜荤素搭配合理,营养丰富,有助于孕妈妈滋补身体。

> **食材可替换** 雪菜、肉末、豆角一同炒食,软嫩咸香,搭配主食吃,更开胃。

鸡蛋家常饼

原料:鸡蛋2个,面粉50克,高汤、葱花、胡椒粉、盐各适量。

做法:①鸡蛋打散,倒入面粉,加适量高汤、葱花、胡椒粉、盐调匀。②平底锅中倒油烧热,慢慢倒入面糊,摊成饼,小火慢煎;待一面煎熟,翻过来再煎另一面至熟。

功效:鸡蛋中富含的卵磷脂,可促进胎宝宝神经系统的完善。

> **食材可替换** 鸡蛋打发好,加入面粉和橄榄油,入烤箱做成蛋糕,口感松软,香甜美味。

我的孕期进程:孕9月

| 备孕 | 孕1月 | 孕2月 | 孕3月 | 孕4月 | 孕5月 | 孕6月 | 孕7月 |

美味汤粥

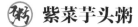 紫菜芋头粥

原料: 紫菜、芋头各50克,银鱼、绿叶菜各20克,粳米150克。

做法: ①紫菜撕成丝;银鱼洗净,切碎,烫熟;芋头煮熟去皮,压成芋泥;绿叶菜、粳米洗净。②粳米放入锅中加水,煮至黏稠,出锅前加入紫菜丝、银鱼碎、芋头泥、绿叶菜略煮。

功效: 此粥含维生素、钙等营养,有利于胎宝宝各器官的发育。

食材可替换 煮熟的五花肉切大片,与芋头片一同入锅蒸,做成芋头扣肉,吃起来一点都不腻。

什锦甜粥

原料: 粳米100克,绿豆、红豆、黑豆各30克,核桃仁、葡萄干各适量。

做法: ①粳米淘洗干净;绿豆、红豆、黑豆洗净,浸泡1天。②先将各种豆放入盛有适量水的锅中,煮至六成熟,将粳米放入,小火熬粥。③将核桃仁、葡萄干放入粥中稍煮。

功效: 此粥中锌、铜含量丰富,营养又美味。

食材可替换 粳米与鱼片一同煮粥,味美香滑,营养丰富,很适合早餐、晚餐食用。

口蘑鹌鹑蛋汤

原料: 口蘑50克,油菜心30克,鹌鹑蛋3个,盐、高汤、水淀粉各适量。

做法: ①口蘑、油菜心均洗净,切小丁;锅中放冷水,加入鹌鹑蛋用小火煮熟,去壳。②油锅烧热,放入口蘑煸炒,然后加入高汤,煮开后放入油菜心、鹌鹑蛋、盐,再煮3分钟,出锅前用水淀粉勾薄芡。

功效: 此菜中蛋白质较丰富,可为孕妈妈补充营养。

食材可替换 用葱、蒜单独炒口蘑,口感嫩滑,味道清香,适合搭配米饭一同食用。

孕10月

37~40 周
天使降落人间

胎宝宝体重达到3500克左右。胎宝宝手脚肌肉发达，富有活力，现在完全可以跟妈妈见面了。

此时孕前体重正常的孕妈妈体重已经增重了大约12千克，相当于2个中型西瓜的重量。

妈妈宝宝变化

孕妈妈：进入分娩状态

因为胎宝宝的胎头降入骨盆，牵拉宫颈，有的孕妈妈会觉得胎宝宝好像就要掉出来了。这时，孕妈妈既要注意保持身体清洁，又要注意阴道分泌物是否正常，如果发现血迹，应马上就医。此时孕妈妈应和医生商量，选择更为合适的分娩方式。

胎宝宝：成熟了

现在胎宝宝体重正以每天20~30克的速度增长，出生之前将会达到3400~3500克，身长接近50厘米。身体各部分器官已发育完成，肺部将在胎宝宝出生之后开始工作。在孕期的38周到40周之间，小宝宝随时都可能降临人间。

妈妈宝宝营养情况速查

孕妈妈营养情况自测表（厘米）

宫高满40周	下限30	上限34	平均32
腹围满40周	下限89	上限100	平均94

在孕10月，每个孕妈妈的增重各不相同。一般来说，增重15千克左右对于孕妈妈和胎宝宝是个相对安全和健康的数字。如果孕妈妈在妊娠前体重过轻，一般会有更多的体重增长。

Tips: 此时最不宜减肥

这个时候是孕妈妈最不适宜减肥的时候。因为即将临盆，很多孕妈妈难免因情绪上的波动而影响食欲，此时，家人要通过安慰和鼓励帮助孕妈妈减轻心理压力，同时提供可口的食物，以便孕妈妈正常地摄取营养。

我的孕期进程：孕10月

备孕　　孕1月　　孕2月　　孕3月　　孕4月　　孕5月　　孕6月　　孕7月

本月胚胎发育所需营养素	锌、维生素B₁₂、铁 第40周，胎头双顶径大于9厘米，足底皮肤纹理清晰

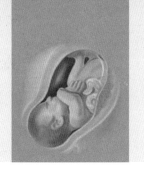

食物来源

蛋黄、牛奶、动物内脏、绿叶蔬菜

本月重点营养素

维生素 B₁₂

这一阶段胎宝宝的神经开始发育出起保护作用的髓鞘，这个过程将持续到出生以后。髓鞘的发育依赖于维生素B₁₂，孕妈妈可以从精瘦肉或家禽、低脂奶制品中获得。素食孕妈妈可以从维生素片和强化早餐麦片中补充。

铁

本月除胎宝宝自身需要储存一定量的铁之外，还要考虑到生产也会造成孕妈妈血液流失。阴道生产的出血量是350~500毫升，剖宫产失血最高会达750~1000毫升。孕晚期补铁是不容忽视的，推荐补充量为每日20~30毫克。

锌

孕晚期，胎宝宝对锌的需求量最高。孕妈妈体内储存的锌，大部分在胎宝宝成熟期间被利用，缺锌会造成子宫收缩减弱，增加分娩时的危险性。孕晚期应保持每日补充锌9.5毫克，促进小生命的健康发育，帮助孕妈妈顺利分娩。

本月营养饮食原则

保证优质能量的摄入

应该多吃一些优质蛋白质，可以在日常饮食里增加鱼虾类、瘦肉类和黄豆类食物，还要多吃些新鲜蔬菜和水果，保证摄入充足的维生素。在临近预产期的前几天，适当吃一些热量比较高的食物，为分娩储备足够的体力。

饮食应清淡、易消化

食物以清淡、易消化的为佳，多吃一些对生产有补益作用的食物，比如菜花、甘蓝、香瓜、麦片、全麦面包、豆类、牛奶、内脏等。选择体积小、营养价值高的食物，适当限制甜食及肥肉的摄入，少吃过咸食物，不宜大量饮水。

 专家答疑

? 产妇应该吃什么?

! 临产前，可吃些清淡软烂、热量略高的食物，不宜多食鸡蛋、大鱼大肉和油炸食品。临产开始后，以高热量的流食和半流食为主，如巧克力。如果顺产因故改为剖宫产，吃流食可以减少因发生呕吐而误吸的情况。

孕妈妈一周科学食谱推荐

星期	一	二	三	四	五	六	日
早餐	燕麦粥 小葱拌豆腐 鸡蛋	玉米粥 鸡蛋 凉拌西红柿	牛奶 椰汁红豆糕	芝麻烧饼 牡蛎粥	鲜虾粥（165页） 菠菜鸡蛋饼 （164页）	素蒸饺 鸡蛋 蘑菇汤	绿豆薏米粥 鸡蛋 奶酪面包
午餐	糙米饭 西红柿炒鸡蛋 红烧黄鳝	芹菜猪肉水饺 咸蛋黄焗南瓜 白菜炖豆腐	烙饼 木耳炒山药 蚝油生菜 空心菜排骨汤	扁豆焖面 虾仁豆腐 （58页） 家常焖鳜鱼 （90页）	素炒饼 海米炒洋葱 海参豆腐煲	椒盐小饼 清蒸排骨 清炒空心菜 鱼头豆腐汤	米饭 素什锦 鸡脯扒小白菜 猪血豆腐汤
晚餐	豆角肉丁面 醋熘白菜 白萝卜鲜藕汁	韭菜盒子 海带排骨汤 豆腐皮粥	西红柿鸡蛋面 炒红薯泥 香菇油菜 （90页）	五谷饭 爆炒鸡肉 （162页） 青菜豆腐汤	米饭 鲶鱼炖茄子 （163页） 胡萝卜肉丝汤	玉米面发糕 蒜蓉茼蒿 蔬菜沙拉	香菇肉粥 蒜蓉粉丝蒸大虾 莲藕西红柿汁
加餐	核桃糕 柠檬汁 榛子	牛奶 蛋糕 菠萝	牛奶 红枣 苹果 开心果	荸荠红糖饮 饼干 核桃	牛奶 全麦面包 红豆西米露	橙子 坚果 甘蔗姜汁	草莓 松子 木瓜牛奶果汁

孕⑩月10种明星食材

猕猴桃
营养丰富全面，帮助孕妈妈开胃消食。

芹菜
缓解孕妈妈焦虑情绪，放松心情。

牛奶
让孕妈妈感到全身舒适，解除疲劳，安然入睡。

薏米
有利产功效，孕妈妈适当食用可以帮助顺产。

扁豆
帮助孕妈妈稳定情绪，但一次不可吃太多。

孕10月饮食禁忌

忌吃过夜的银耳汤

银耳营养丰富，富含水溶性膳食纤维，清甜润口，是产前很好的营养食材。但银耳汤不宜久放，特别是过夜之后，不仅营养成分会减少，还会产生有害物质。因此，银耳汤煮好后，孕妈妈要及时吃。

忌在药物催生前吃东西

若医生决定施用药物催生，孕妈妈最好能禁食数小时，让胃中食物排空，因为在催生的过程中易出现呕吐。此外，也有催产时因急性胎宝宝窘迫而必须施行剖宫产的情况，排空的胃有利于减少麻醉时的呕吐反应。

忌在剖宫产前吃东西

剖宫产前要做一系列检查，以确定孕妈妈和胎宝宝的健康状况。手术前一天，晚餐要清淡，午夜12点以后不要吃东西，以保证肠道清洁，减少术中感染。手术前6~8小时不要喝水，以免麻醉后呕吐，引起误吸。

保健重点

了解真假临产

宫缩有规律，每5分钟一次；宫缩逐渐增强；当行走或休息时，宫缩不缓和，一般是真临产的表现。而宫缩无规律、宫缩强度不随时间而增强、宫缩随活动或体位的改变而减轻，一般是假临产。

临产前不要疲倦劳累

分娩前，孕妈妈生活起居一定要有规律，要放松心情，吃好休息好。保持精力，避免疲倦劳累，是保证孕妈妈顺利生产的重要条件。要努力让精神和身体处于最佳状态，以利于顺利生产。

安排好月子照顾母婴事宜

宝宝出生后，晚上跟谁睡？三餐谁来做？尿布谁来洗？为避免手忙脚乱，建议在宝宝出生前就开个家庭会议，把照顾母婴的工作分配一下，为新生宝宝创造一个和谐的家庭环境。

鸡汤

临近生产，孕妈妈适当喝些鸡汤有利于泌乳。

巧克力

"助产大力士"，适合产前食用，补充能量。

木瓜

健脾消食，且催奶效果显著，可以预防产后少奶。

豆腐皮

富含植物蛋白及黄酮类。

猪蹄

用来煲汤既营养又开胃，还有催乳的作用。

营养菜品

菜 爆炒鸡肉

原料:鸡肉200克,胡萝卜、土豆、香菇各30克,盐、酱油、水淀粉各适量。

做法:①胡萝卜、土豆洗净,切块;香菇切片;鸡肉切丁,用酱油、水淀粉腌10分钟。②油锅中放入鸡丁翻炒,再放入胡萝卜块、土豆块、香菇片炒匀,加适量水,煮至土豆绵软,加盐调味。

功效:此菜富含铁、维生素K,对体虚的孕妈妈有很好的食疗作用。

食材可替换 鸡肉与苋菜做成馅饼,只看酥脆的外表,就能激起孕妈妈的食欲。

菜 芹菜虾仁

原料:芹菜250克,虾仁100克,葱末、姜末、盐、水淀粉各适量。

做法:①芹菜择洗干净,切段,用开水略焯烫。②油锅烧热,下入葱末、姜末炝锅,放入芹菜、虾仁翻炒熟,加盐调味,最后用水淀粉勾芡即可。

功效:此菜富含蛋白质和膳食纤维,荤素搭配,营养更均衡。

食材可替换 芹菜还可以与豆干一同炒食,对胎宝宝的骨骼生长非常有利。

菜 芝麻葵花子酥球

原料:熟葵花子、低筋面粉各100克,白糖、白芝麻各50克,牛奶30克,红糖20克,鸡蛋1个,小苏打5克。

做法:①将熟葵花子、牛奶、红糖、白糖、鸡蛋液放入搅拌机,打成泥浆。②小苏打和低筋面粉混合后筛入碗里,与葵花子泥搅拌成面糊。③将面糊揉成小圆球,刷一层蛋液,裹上白芝麻,入烤盘,170℃烤25分钟左右即可。

功效:可迅速为孕妈妈和胎宝宝补充能量。

食材可替换 做蛋糕时,在蛋糕上面点缀些葵花子,吃起来会更香。

我的孕期进程:孕10月

| 备孕 | 孕1月 | 孕2月 | 孕3月 | 孕4月 | 孕5月 | 孕6月 | 孕7月 |

营养菜品

菜 鲶鱼炖茄子

原料: 鲶鱼 1 条, 茄子 200 克, 葱段、姜丝、酱油、白糖、黄豆酱、盐各适量。

做法: ①鲶鱼处理干净; 茄子洗净, 切条。②用葱段、姜丝炝锅, 然后放酱油、黄豆酱、白糖翻炒。③锅内加适量水, 放入茄子和鲶鱼, 炖熟后, 加盐调味即可。

功效: 鲶鱼中蛋白质含量较多, 具有补益身体的功效。

食材可替换 鲶鱼与豆腐同炖, 鲶鱼肉滑嫩无刺, 豆腐软嫩, 吃起来味道特别鲜美。

菜 腰果彩椒三文鱼粒

原料: 三文鱼 1 块, 洋葱 1 头, 红椒、黄椒、青椒各 1/2 个, 腰果 6 颗, 酱油、料酒、盐、香油各适量。

做法: ①三文鱼洗净, 切成丁, 用酱油、料酒腌制 10 分钟; 洋葱、红椒、黄椒和青椒都洗净, 切丁。②油锅烧热, 放入腌制好的三文鱼丁煸炒, 然后加入洋葱丁、红椒丁、黄椒丁、青椒丁、腰果和盐、香油炒匀。

功效: 三文鱼能增强即将出生的胎宝宝的智力和视力水平。

食材可替换 三文鱼切片, 用柠檬汁稍腌, 煎熟, 一道柠檬香煎三文鱼就做好了。

菜 宫保素丁

原料: 荸荠、胡萝卜、土豆各 50 克, 木耳 30 克, 香菇 4 朵, 花生、蒜末、豆瓣酱、盐、白糖、高汤各适量。

做法: ①荸荠、胡萝卜、土豆分别洗净, 切丁, 焯烫; 香菇、木耳泡发切片。②花生放入锅中煮熟透。③用蒜末炝锅, 将荸荠、胡萝卜、土豆、香菇、木耳、花生倒入翻炒, 加豆瓣酱、盐、白糖炒匀, 再加高汤用小火煮熟。

功效: 此菜色香味俱全, 且营养丰富, 非常适合孕妈妈食用。

食材可替换 荸荠末与猪肉馅、鸡蛋搅匀, 加调料, 入锅做成四喜丸子, 就成了一道非常喜庆的菜肴。

花样主食

主食 三鲜汤面

原料: 面条100克,海参、鸡肉各10克,虾肉20克,香菇2朵,盐、料酒各适量。

做法: ①虾肉、鸡肉、海参洗净,切薄片;香菇洗净切块。②面条煮熟,盛入碗中。③油锅烧热,放虾肉、鸡肉、海参、香菇翻炒,变色后放入料酒和适量水,烧开后加盐调味,浇在面条上。

功效: 孕妈妈食用此面,有利于在产前补充能量。

> **食材可替换** 用面粉做成面疙瘩,煮熟后与鸡肉、香菇、土豆、胡萝卜、洋葱一同炒食,吃起来很有嚼头。

主食 菠菜鸡蛋饼

原料: 面粉100克,鸡蛋2个,菠菜3棵,火腿1根,盐、香油各适量。

做法: ①面粉倒入大碗中,加适量温水,再打入2个鸡蛋,搅拌均匀。②菠菜焯水,切小段;火腿切丁。③蛋面糊中加入菠菜段、火腿丁和适量盐、香油,混合均匀。④平底锅加少量油,倒入蛋面糊煎至两面金黄。

功效: 此饼中碳水化合物含量丰富,可为胎宝宝补充能量。

> **食材可替换** 用黄瓜、鸡蛋、面粉一同摊成薄饼,颜色清新,吃起来也很清淡。

主食 红薯饼

原料: 红薯1个,糯米粉50克,豆沙馅、蜜枣、白糖、葡萄干各适量。

做法: ①红薯洗净、煮熟,捣碎后加入糯米粉和匀成红薯面。②葡萄干用水泡后沥干水,加入蜜枣、豆沙馅、白糖拌匀。③将红薯面揉成丸子状,包馅,压平,用小碗压成圆形。④锅内放油烧热,放入包好的饼煎至两面金黄熟透即可。

功效: 红薯饼中含有丰富的膳食纤维,可预防孕期便秘。

> **食材可替换** 糯米粉与红薯泥和匀,加红枣制成年糕,红薯和红枣的甜味混合在一起,更甜香。

我的孕期进程: 孕10月

备孕　孕1月　孕2月　孕3月　孕4月　孕5月　孕6月　孕7月

美味汤粥

🥣 苋菜粥

原料:苋菜1棵,粳米100克,香油、盐各适量。

做法:①苋菜洗净后切段,粳米淘洗干净。②锅内加适量水,放入粳米,煮至粥将稠时,加入香油、苋菜段、盐,煮熟即成。

功效:此粥营养易吸收,适合产前食用。

> **食材可替换** 可将苋菜换成黄瓜。粳米熬煮快熟时,加黄瓜丁、少许盐拌匀,再煮1分钟左右即可。

🥣 鲜虾粥

原料:虾仁50克,粳米150克,芹菜、盐各适量。

做法:①粳米洗净,煮成粥。②芹菜洗净,入沸水中焯烫,晾凉切碎。③虾仁入沸水中煮熟。④将芹菜、虾仁放入粥锅中,用盐调味即可。

功效:虾仁富含蛋白质,且脂肪含量低,煮成粥后营养丰富易消化,适合孕晚期食用。

> **食材可替换** 不喜欢喝鲜虾粥,还可以将粳米与水果丁一同熬煮,酸甜的口味符合孕妈妈的胃口。

🥣 肉菜粥

原料:粳米100克,猪瘦肉馅20克,青菜50克,酱油、盐各适量。

做法:①粳米洗净;青菜洗净,切碎。②油锅烧热,倒入肉馅翻炒,再加入酱油,加入适量水,将粳米放入锅内,煮熟后加入青菜碎、盐,煮至熟烂为止。

功效:此粥营养丰富且易吸收,适合临产的孕妈妈食用。

> **食材可替换** 粳米蒸熟,猪瘦肉馅、香菇、胡萝卜做成丸子蒸熟。用米饭裹住丸子,吃时蘸喜欢的酱料。

第四章

坐月子营养饮食指导

分娩当天

顺产

产程间隙巧补能量

　　分娩需要耗费大量的体力，因此在产程间隙也要补充能量，以保证有足够的力量分娩。第一次生宝宝的孕妈妈第一产程长达8~12小时，此时孕妈妈应尽量吃饱喝足，食物以半流质或软烂的为主。第二产程需要消耗更多的体力，可补充一些高能量食物，如蛋糕、巧克力等。第三产程一般不超过半小时，可以不进食。

先吃些汤和粥

　　如果是顺产且无特殊情况，那么新妈妈稍加休息，就可进食了。这时候的饮食，以清淡温热最为适宜。产后第1餐，最好能给新妈妈喝一些滋补、可口、不油腻的汤或粥，如花生红枣小米粥、牛奶等。

顺产后第 1 餐

花生红枣小米粥

原料：小米100克，花生50克，红枣8颗。

做法：①将小米、花生洗净，用水浸泡30分钟。②红枣洗净，去掉枣核。③小米、花生、红枣一同放入锅中，加水以大火煮沸，转小火将小米、花生煮至完全熟透后即可。

功效：花生与红枣配合食用，既可补虚，又能补血。此粥营养丰富，对在生产过程中消耗了大量体力和营养物质的新妈妈，有很好的补益作用，可加快身体恢复。

我的孕期进程：分娩当天

备孕	孕1月	孕2月	孕3月	孕4月	孕5月	孕6月	孕7月

剖宫产

术后6小时内禁食

由于刚经历剖宫产手术，新妈妈的肠管受到刺激，从而肠道功能受损，肠蠕动减慢，肠腔内有积气，术后易出现腹胀感，因此，新妈妈在术后6小时内应该禁食。6小时之后，可喝些排气的汤，以增强肠蠕动，等到排气之后才可以进食。

宜吃促排气的食物

剖宫产手术后6小时，新妈宜吃促进排气的食物，如萝卜汤等，以增强肠蠕动，促进排气，减少腹胀，并使大小便通畅。而那些易发酵、产气多的食物，如糖类、黄豆、豆浆、淀粉类等，孕妈妈则要少吃或者不吃，以防出现腹胀的现象。

排气之后以流食为主

剖宫产带来伤口，同时产后腹内压突然减轻，腹肌松弛，肠蠕动缓慢，此时新妈妈饮食应以流食为主。当新妈妈排气后，可由流食改为半流食，食物宜富有营养且易消化，如蛋汤、粥、面条等，然后依个人体质，饮食再逐渐恢复到正常。

剖宫产后第1餐

🍴 萝卜汤

原料：白萝卜1个，盐、香菜各适量。

做法：①白萝卜洗净，去皮切块；香菜洗净，切段。②白萝卜块下锅，加适量水，大火煮沸后转小火，炖煮至筷子可穿透白萝卜，加盐调味，撒上香菜即可。

功效：白萝卜富含B族维生素和钾、镁等矿物质，可促进胃肠蠕动，有助于体内废物的排除。在手术6小时后，新妈妈喝萝卜汤，促进排气。

LOADING...

孕8月　　孕9月　　孕10月　　**产后第1周**　　产后第2周　　产后第3周　　产后第4周　　产后第5周　　产后第6周

产后第1周

宝宝变化

出现暂时性体重下降

　　一声响亮的啼哭宣告宝宝的来临。宝宝在出生后半小时就会吃到第一口母乳，出生后12小时左右会排出墨绿色的胎便。出生后的最初几天，宝宝的体重会出现生理性下降，一周之后就会恢复到出生时的水平，爸爸妈妈不必太过担心。

妈妈变化

恶露类似"月经"

　　从产后第1天开始，新妈妈会排出类似"月经"的东西（含有血液、少量胎膜及坏死的蜕膜组织的混合物），这就是恶露。产后1周都是新妈妈排恶露的关键期。

子宫功成身退

　　胎宝宝的温暖小窝——子宫，在宝宝出生后就要"功成身退"了。本周开始，新妈妈的子宫会慢慢变小，但要恢复到怀孕前的大小，至少要6周左右。

乳房开始泌乳

　　新妈妈没有乳汁是很正常的现象，在产后1~3天新妈妈才会分泌乳汁。在此期间，一定不要着急喝催乳汤，否则会导致乳管堵塞而引起乳房胀痛。

胃肠功能正在恢复

　　孕期受到子宫压迫的胃肠终于可以"归位"了，但功能的恢复还需要一段时间。产后第1周，新妈妈的食欲一般比较差，家人可多做一些开胃的软食。

骨盆逐渐恢复肌肉张力

　　新妈妈的骨盆底部肌肉张力逐渐恢复，水肿和瘀血渐渐消失。床一定要软硬适中，使得在仰卧时身体曲线与床垫完全嵌合，由胸廓、骨盆一起为脊柱提供水平支撑力。此外，新妈妈坐姿正确，适量运动，均有助于骨盆恢复。

我的孕期进程：产后第1周

备孕	孕1月	孕2月	孕3月	孕4月	孕5月	孕6月	孕7月

顺产妈妈饮食宜忌

宜吃开胃的食物

不论是自然分娩还是剖宫产，在产后的第1周，新妈妈似乎对"吃"都提不起兴趣。所以，本阶段的重点是开胃而不是滋补，饮食要清淡，吃些有开胃作用的水果（宜加热后食用）。

宜补充足够的水分

由于产程中失血，以及进食过少会导致体液丢失，因此要注意多喝水补液。新妈妈产后活动少，更应多喝水，预防便秘的发生。多喝水、多喝汤，还能帮助新妈妈增加乳汁的分泌。

宜喝生化汤排毒

自然分娩的新妈妈无特殊情况可在产后第3天服用，每天1帖，连服7~10帖。剖宫产妈妈宜产后7天后服用，每天1帖，每帖分3份，三餐前温热服用，连服5~7帖，喝之前可咨询医生。

剖宫产妈妈饮食宜忌

不宜急着食用催奶补品

看着嗷嗷待哺的宝宝，多数新妈妈第一反应就是赶紧喝大补汤水。这种心情可以理解，但产后新妈妈身体太虚弱，马上进补催奶的高汤，反而可能导致乳汁分泌不畅。

忌辛辣、寒凉等刺激性食物

产后新妈妈体质较弱，抵抗力差，易患胃肠炎等消化道疾病，所以产后第1周尽量不要吃寒性的水果，也不要吃冷饭菜。新妈妈也不宜进食辛辣食物，否则容易造成大便干燥，排便困难，不利于排毒，还会影响母乳的质量和宝宝的健康。

产后不宜立即大补

高级滋补品如人参，具有强心兴奋作用，会影响产后休息。深海鱼类体内含有丰富的EPA，会抑制血小板凝集，建议新妈妈在开奶之后再食用。桂圆、红枣有活血功效，一般在产后2周，或者恶露排干净后才适合吃。

专家答疑

？坐月子不能吃盐，吃盐会没奶，这是真的吗？

！老观念认为，在月子里吃的菜和汤里不能放盐，要"忌盐"，认为放盐就会没奶，其实这是不科学的。盐中含有钠，如果新妈妈限制钠的摄入，打破了体内电解质的平衡，就会影响食欲，进而影响泌乳，甚至会影响到宝宝的身体发育。不过盐吃多了，也会加重肾脏的负担，对肾不利，也会使血压升高。因此，月子里的新妈妈不能过多吃盐，但也用不着"忌盐"。

LOADING...

孕8月　　孕9月　　孕10月　　产后第1周　　产后第2周　　产后第3周　　产后第4周　　产后第5周　　产后第6周

顺产妈妈的营养菜谱

汤 生化汤

原料:当归、桃仁各15克,川芎6克,黑姜10克,甘草3克,粳米100克,红糖适量。

做法:①粳米淘洗干净;当归、桃仁、川芎、黑姜、甘草和水,以1:10的比例小火煎煮30分钟,去渣取汁。②粳米放锅内,加煎煮好的药汁和适量水,熬煮成粥,调入红糖服用。

功效:此汤可调节子宫收缩,还可减轻因子宫收缩造成的腹痛。

这样吃更健康 也可以用米酒熬制生化汤,药汁煮好后,加入米酒中熬煮成粥即可。

粥 薏米红枣百合粥

原料:薏米50克,鲜百合20克,红枣4颗。

做法:①薏米淘洗干净,浸泡;鲜百合洗净,掰成片;红枣洗净。②将薏米和水一同放入锅内,大火煮开后转小火煮1小时。③再把鲜百合和红枣放入锅内,继续煮30分钟。

功效:薏米非常适合产后身体虚弱的新妈妈食用。

这样吃更健康 红枣和百合也可以和粳米同煮成粥,也可将红枣换成红豆或绿豆。

粥 香菇红糖玉米粥

原料:鲜香菇、玉米粒、粳米各50克,红糖适量。

做法:①鲜香菇洗净后,切丁;玉米粒洗净;粳米洗净,浸泡30分钟。②锅中放入粳米和适量水,大火烧沸后改小火。③放入香菇丁、玉米粒、红糖继续熬煮,煮至粥黏稠。

功效:香菇能够促进新妈妈的新陈代谢,配上玉米粒,营养更均衡。

这样吃更健康 粥里撒上些猪肝末或瘦肉末,吃起来会更香。

我的孕期进程:产后第1周

| 备孕 | 孕1月 | 孕2月 | 孕3月 | 孕4月 | 孕5月 | 孕6月 | 孕7月 |

顺产妈妈的营养菜谱

糧 挂面汤卧蛋

原料: 挂面100克,羊肉50克,鸡蛋1个,葱花、姜丝、香油、盐、菠菜叶各适量。

做法: ①羊肉洗净,切丝,用盐、葱花、姜丝和香油腌制。②锅中烧开适量水,下入挂面,将鸡蛋整个卧入汤中并转小火烧开。③待鸡蛋熟、挂面断生时,加入羊肉丝和菠菜叶略煮。

功效: 挂面是北方坐月子必备的食物,放入鸡蛋和羊肉、菠菜,能快速补充体力。

> **这样吃更健康** 煮挂面时,加点炒熟的肉丝,出锅前再加油菜心,就成了一道简单营养的汤面。

菜 芝麻圆白菜

原料: 圆白菜200克,熟黑芝麻30克,盐适量。

做法: ①用小火将黑芝麻不断翻炒,炒出香味时出锅;圆白菜择洗干净,切粗丝。②油锅烧热,放入圆白菜翻炒,加盐调味,炒至圆白菜熟透发软即可出锅盛盘,撒上熟黑芝麻拌匀即可。

功效: 圆白菜富含维生素C,黑芝麻含有丰富的蛋白质、碳水化合物、维生素E和维生素B_1等,产后新妈妈可常吃。

> **这样吃更健康** 圆白菜除了素炒之外,还可以与肉类一起炒食,使营养成分更均衡。

菜 什菌一品煲

原料: 猴头菇、草菇、平菇、白菜心各50克,香菇30克,葱末、盐各适量。

做法: ①平菇切去根部,撕小片;猴头菇、香菇和草菇洗净后切开;白菜心掰小棵。②锅内放入水、葱末,大火烧开。③放入香菇、草菇、平菇、猴头菇、白菜心,转小火煲10分钟,加盐调味。

功效: 这款素素的什菌汤很开胃,特别适合产后虚弱、食欲不佳的新妈妈食用。

> **这样吃更健康** 草菇、洋葱放入清鸡汤中,一同煮熟软,最后点缀香菜末,用盐、香油调味。

LOADING...

剖宫产妈妈的营养菜谱

汤 当归鲫鱼汤

原料:当归10克,鲫鱼1条,盐、姜片各适量。

做法:①鲫鱼去鱼鳞和内脏,洗净,在鱼身涂抹少量盐,腌10分钟。②当归洗净,放进热水中浸泡30分钟,取出切薄片。③将鲫鱼、姜片与当归一同放入锅内,加入泡过当归的水,炖煮至鲫鱼熟即可。

功效:当归可益气养血,鲫鱼可补血、排恶露、通血脉。

这样吃更健康 可加点金针菇与鲫鱼熬汤,出锅前加点香葱,鲜香可口,鱼肉细腻。

汤 鲢鱼丝瓜汤

原料:鲢鱼1条,丝瓜200克,葱段、姜片、白糖、盐、料酒各适量。

做法:①鲢鱼处理干净,切段;丝瓜去皮,洗净,切成条备用。②将鲢鱼段放入锅中,放入料酒、白糖、姜片、葱段后,加适量水,大火煮沸,转小火慢炖10分钟后,加入丝瓜条。③煮至鲢鱼、丝瓜熟透后,拣去葱段、姜片,加盐调味。

功效:此汤有补中益气、生血通乳的作用,对产后乳汁少或泌乳不畅的新妈妈最为适宜。

这样吃更健康 丝瓜与蛤蜊、豆腐一同炖汤,鲜香爽口,喝一口顿觉神清气爽。

粥 枣莲三宝粥

原料:红枣5颗,绿豆10克,莲子20克,粳米30克。

做法:①将绿豆、粳米、莲子、红枣洗净。②将绿豆、莲子和粳米放入锅中,加水适量,大火烧沸,再加入红枣,改用小火煮至粥熟。

功效:红枣含有丰富的维生素,能提高人体免疫力;莲子含有丰富的蛋白质,能滋阴补虚;绿豆能增进食欲,降低血脂。三者同食,可以益气强身,适宜产后虚弱的新妈妈调理之用。

这样吃更健康 此粥和水煮鸡蛋一起搭配吃,更有利于新妈妈产后体力的恢复。

我的孕期进程:产后第1周

备孕	孕1月	孕2月	孕3月	孕4月	孕5月	孕6月	孕7月

剖宫产妈妈的营养菜谱

菜 炝胡萝卜丝

原料: 胡萝卜200克, 香油、盐各适量。

做法: ①胡萝卜洗净去皮, 切成细丝, 用开水焯一下, 捞出沥干, 装盘。②锅中放香油烧热, 趁热将香油淋在胡萝卜丝上, 加盐, 拌匀即可。

功效: 胡萝卜能提供丰富的可转变成维生素A的胡萝卜素, 且膳食纤维含量高, 高营养, 低热量, 有助于提高免疫力, 还能补肝明目, 并能促进肠胃蠕动。

> **这样吃更健康** 也可将绿豆芽、土豆丝、胡萝卜丝焯烫后拌匀, 就成了另一种风味的炝菜。

菜 芹菜虾米

原料: 芹菜300克, 虾米100克, 葱花、姜末、盐、水淀粉各适量。

做法: ①芹菜择洗干净, 切段, 用开水略焯; 虾米用温水泡10分钟。②油锅烧热, 下入葱花、姜末炝锅, 放入芹菜、虾米、盐翻炒, 出锅前用水淀粉勾芡即可。

功效: 虾米可为产后新妈妈补钙, 防止筋骨疼痛; 芹菜富含膳食纤维, 能促进肠胃蠕动, 防止便秘。

> **这样吃更健康** 芹菜还能和虾仁一起搭配炒食, 不仅促进营养的吸收, 也使营养更均衡。

菜 当归羊肉煲

原料: 羊肉500克, 当归2克, 姜、葱段、盐、料酒各适量。

做法: ①羊肉洗净, 切块, 用热水汆烫, 去掉血沫, 沥干备用; 姜洗净, 切片。②当归洗净, 在热水中浸泡30分钟, 切薄片, 浸泡的水留用。③将羊肉块放入锅内, 加入姜片、当归片、料酒、葱段和泡过当归的水, 小火煲2小时, 出锅前加盐调味即可。

功效: 适用于产后腹痛、乳少、恶露不止等症状。

> **这样吃更健康** 羊肉也可与萝卜一起炖, 不仅口感好, 还能起到调养身体的作用。

产后第 2 周

宝宝变化

黄疸逐渐消退

宝宝现在还只能看清眼前20~25厘米的东西。宝宝的脐带一般会在第2周内变干变黑，自动脱落；2周内还没脱落的，只要没有感染，可以再观察一段时间。足月宝宝的黄疸一般会在出生后第2周内消退，早产宝宝可能会延迟到第3~4周。

妈妈变化

子宫颈内口会慢慢关闭

在分娩刚刚结束时，子宫颈因充血、水肿，会变得非常柔软，子宫颈壁也很薄，皱起来如同一个袖口。产后1周恢复到原来的形状，宫颈内口慢慢关闭。

伤口隐隐作痛

侧切和剖宫产术后的伤口在这一周内还会隐隐作痛，下床走动、移动身体时都有撕裂的感觉，但疼痛没有第1周强烈，还是可以承受的。

胃肠还不适应油腻汤水

产后第2周，胃肠已经慢慢适应产后的状况了，但是对于非常油腻的汤水和食物多少还有些不适应。新妈妈不妨荤素搭配来吃，慢慢促进胃肠功能恢复。

恶露明显减少

这一周的恶露明显减少，颜色也由鲜红色变成了浅红色，有点血腥味但不臭。新妈妈要留心观察恶露的质、量、颜色及气味的变化，以便掌握子宫复原情况。

精神比较劳累

每天昼夜不停的哺乳工作，在很大程度上会影响新妈妈的休息，因此新妈妈会比较劳累。对此，除了新爸爸要做好协助工作外，新妈妈一定要相信自己的潜能，放松精神有助于快速进入睡眠，休息得更高效。

我的孕期进程:产后第2周

产后第2周新妈妈饮食宜忌

经过一周的调养和适应，新妈妈的体力有所恢复。此时饮食仍应以清补为主，重在修复，多喝些补血益气的药膳和补汤。哺乳妈妈要吃些能促进乳汁分泌的食物，但是应注意控制食量。而非哺乳妈妈不仅要补充足够的营养帮助身体恢复，又不能补得太多以致上火。

宜补血增强体质

进入月子第2周，新妈妈的伤口基本愈合，胃口也明显好转。这时候新妈妈要注重调理气血，尽量多食用补血食物，如动物肝脏、鱼、虾、黑芝麻、紫菜和蛋类、豆制品、蔬菜水果等，还可选择一些补气药物搭配食用，如黄芪。

宜多吃谷物和豆类

新妈妈在这一阶段需要多食用谷物和豆类，建议将谷物和豆类熬成软饭或粥来食用。豆制品也是不错的选择，不仅能提供充足的热量，还有利于补充丰富的B族维生素。同时，要注意不食用太过粗糙、坚硬的食物，以免影响消化。

宜在菜中适当放些调料

新妈妈在这个阶段的饮食要以清淡为主，在菜里可以适当放些调料。但要少于一般人的量，切记不可过多，盐也要尽量少放。适当放些葱、姜、蒜等温性调料，不仅可以促进食欲，还能促进血液循环，帮助排出恶露。

食用鱼、虾、蛋等优质蛋白

产后第2周，看护宝宝的工作量增加，体力消耗较前一周大，伤口开始愈合。饮食上应注意多补充优质蛋白质，但仍需以鱼类、虾、蛋、豆制品为主，可比上一周增加些排骨、瘦肉。

忌过多食用补品、药膳

产后第2周，家人通常都会给新妈妈大补特补，少不了要吃一些燥热的补品、药膳。适当食用补品、药膳对身体恢复很有好处，但切记不能过量。食用过多会导致新妈妈上火，还会打乱身体的饮食平衡，影响产后恢复。

 专家答疑

❓ 为什么产后不能立即喝老母鸡汤？

❗ 产后哺乳的新妈妈不宜立即喝老母鸡汤。老母鸡肉中含有一定量的雌激素，产后马上喝老母鸡汤，就会使新妈妈血液中雌激素的含量增加，抑制催乳素发挥作用，从而导致新妈妈乳汁不足，甚至回奶。最好是选择用公鸡炖汤。

非哺乳妈妈的特别护理

产后饮食先开胃

产后最初几天，因为身体虚弱，新妈妈的胃口会非常差。如果大鱼大肉地猛补，只会适得其反。此时最适宜吃比较清淡的饮食，如素汤、肉末、蔬菜等，同时多吃橙子、柚子、猕猴桃等有开胃作用的水果。

切莫回乳过急

非哺乳妈妈断乳时，如果奶水过多，自然回乳效果不好时，不宜硬将奶憋回，这样容易造成乳房结块，严重时还会引起乳腺炎。新妈妈要避免回乳过急，否则会导致乳汁淤积引发乳腺炎，可挤出少量奶液。

回乳食品要多样化

为了帮助非哺乳妈妈进行回乳，这期间的食谱应多样化，需要多吃一些麦芽粥之类的食物。粥里可加些杏仁、核桃、牛奶等有营养的食材，促进新妈妈食欲，帮助身体恢复。人参、韭菜、花椒等也都是传统的回乳食物。

要适当进补

非哺乳妈妈的进补除了要增加全面的营养外，因为没有乳汁的损失，所以不需要像哺乳妈妈那样摄入那么多的食物，以免体重增加太多。宜选择低脂、低热量、滋补功能强的食物，有利于新妈妈产后身材的恢复。

减少水分的摄入

断奶期间，新妈妈可尽量控制一下水分的摄入，不能像哺乳妈妈喝太多汤汤水水，否则母乳分泌过多，会出现胀奶。此外还要逐渐减少喂奶次数，缩短喂奶时间，少进食下奶的食物，可使乳汁分泌逐渐减少以至全无。

Tips：回乳注意事项

1. 如果乳房胀得难受，可以挤出乳汁，但是不要完全挤出，否则会促进乳汁分泌，适得其反。

2. 回奶期间要注意减少对乳房、乳头的刺激，泌乳素的分泌会随之减少，乳汁的分泌也逐渐减少。淋浴时也要避免用热水冲洗乳房。

3. 可冷敷乳房减轻胀痛感。

4. 如果发现乳房里有硬块，要及时用手揉开，防止乳腺炎。

5. 应忌食那些促进乳汁分泌的食物，如花生、猪蹄、鲫鱼、汤类等，减少乳汁的分泌。回奶期还要注意饮食中减少水的摄入量。

我的孕期进程：产后第2周

| 备孕 | 孕1月 | 孕2月 | 孕3月 | 孕4月 | 孕5月 | 孕6月 | 孕7月 |

可以吃些抗抑郁食物

很多非哺乳妈妈由于不能亲自喂养宝宝而心生愧疚，加之产后体内雌性激素发生变化，改变神经递质的活动，容易产生抑郁心理。此时，多吃些鱼肉和海产品比较好，它们含有一种特殊的脂肪酸，能够抗抑郁，减少产后抑郁的发生。

配方奶粉是人工喂养的最好选择

牛奶、羊奶等代乳品有很多，但从营养配比及方便性来看，新生宝宝应该选择婴儿配方奶粉。配方奶成分已尽力接近母乳，很多甚至改进了母乳中铁含量过低的问题，除去牛奶中不易吸收的部分，更好地满足宝宝营养需要。

多多关爱宝宝

非哺乳妈妈在身体允许的条件下，最好多参与宝宝的喂养，亲自给宝宝冲奶粉并喂宝宝吃，让宝宝尽快熟悉自己的味道，还要充分了解和熟悉宝宝的各种生活规律和习惯，及早建立与宝宝之间的感情，也有助于宝宝的人工喂养。

不宜喂母乳的宝宝

有先天性半乳糖血症缺陷的宝宝，在进食含有乳糖的母乳后，易造成半乳糖代谢异常，致使半乳糖蓄积，引起宝宝神经系统疾病和智力低下，并伴有白内障，肝、肾功能损害等。这种宝宝应给予不含乳糖的代乳品喂养。

枫糖尿病患儿由于先天性缺乏支链酮酸脱羧酶，引起氨基酸代谢异常，导致喂养困难，多数伴有惊厥、呕吐、低血糖。患本症的宝宝应给予低支链氨基酸膳食，国外已有此种奶粉，可避免一般喂养对宝宝的伤害，而母乳也只能喂很少量。

不宜勉强哺乳

新妈妈如果患有比较严重的慢性疾病，如有较重的心脏病、肾脏病以及糖尿病等，都不太适合给宝宝进行哺乳，勉强坚持给宝宝进行母乳喂养，对新妈妈与宝宝的健康都会有所影响。

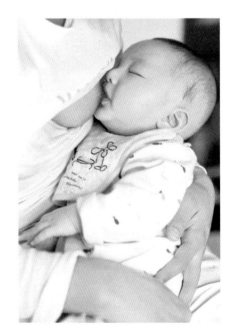

Tips：产后腰酸背痛巧应对

新妈妈可以提前学习一些"小动作"，以防出现产后腰酸背痛的症状：

1. 仰卧平躺在床上，双膝弯起，靠向自己胸部，用双手抱住双膝，慢慢用力，尽量地贴近自己胸部，维持此姿势1~2秒钟，再回复平躺。

2. 正坐在椅子上，双腿分开，身体向前弯曲并用手摸到双脚，然后立即恢复端坐姿式。要注意，恢复坐姿要快，往下弯腰动作要慢慢来。

哺乳妈妈的营养菜谱

粥 牛奶银耳小米粥

原料:小米50克,牛奶120毫升,银耳20克,白糖适量。

做法:①银耳洗净,择成小朵;小米淘洗干净。②小米放入锅中,加适量水煮沸,撇去浮沫,放入银耳继续煮20分钟,倒入牛奶,开锅放适量白糖调味即可。

功效:银耳富含植物胶质,有养阴清热、安眠健胃的功效,与小米、牛奶同食,不仅能补钙,还是新妈妈产后恢复身体的佳品。

粥中可加一些花生,为哺乳妈妈补充能量。

汤 双红乌鸡汤

原料:乌鸡1只,红枣6颗,枸杞子5克,盐、姜片各适量。

做法:①乌鸡清理干净,切大块,放进温水里用大火煮,待水开后捞出,洗去浮沫。②将红枣、枸杞子洗净。③锅中放适量水烧开,将红枣、枸杞子、姜片、乌鸡块放入锅内,加水大火煮沸,改用小火炖至肉熟烂,出锅时加入盐调味即可。

功效:乌鸡滋补肝肾、益气补血,可提高乳汁质量,宝宝免疫力的强弱取决于妈妈乳汁的质量。

不宜过多食用乌鸡,以免生痰助火。

汤 西红柿面片汤

原料:西红柿1个,面片50克,高汤、盐、香油各适量。

做法:①西红柿洗净,切块。②油锅烧热,放入西红柿块,炒软后加入高汤烧开,加入面片。③煮10分钟后,加盐、香油调味即可。

功效:西红柿面片汤不仅能增进食欲,而且营养丰富,有利于消化吸收,并且具有滋阴清火的作用。对产后新妈妈大便秘结、血虚体弱、头晕乏力等症状有一定疗效。

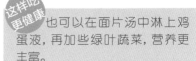
也可以在面片汤中淋上鸡蛋液,再加些绿叶蔬菜,营养更丰富。

我的孕期进程:产后第2周

哺乳妈妈的营养菜谱

汤 归枣牛筋花生汤

原料：牛蹄筋100克，花生50克，红枣6颗，当归5克，盐适量。

做法：①牛蹄筋去掉肉皮，在水中浸泡4小时后，洗净，切成细条；花生、红枣洗净，备用。②当归洗净，整个放进热水中浸泡30分钟，取出切片，切得越薄越好。③砂锅加水，放入牛蹄筋、花生、红枣、当归，大火煮沸后，改用小火炖至牛蹄筋烂熟，加盐调味即可。

功效：牛蹄筋适合产后气血两虚、四肢乏力的新妈妈食用。

这样吃更健康 也可加些黄芪同食，有利于产后新妈妈的身体恢复，适合产后初期食用。

汤 花生红豆汤

原料：红豆50克，花生仁20克，糖桂花适量。

做法：①将红豆与花生仁清洗干净，并用水泡2小时。②将泡好的红豆与花生仁连同水一并放入锅内，用大火煮沸。③煮沸后改用小火煲1小时，出锅时调入糖桂花即可。

功效：生产时新妈妈或多或少都会失血，花生红衣和红豆都是传统的生血食物，红豆还可以利尿，有助于新妈妈消肿、补血，让身体尽快恢复。

这样吃更健康 也可将花生、红豆与粳米同煮成饭，粗细搭配，营养丰富、均衡，适合哺乳妈妈食用。

粥 豌豆小米粥

原料：豌豆20克，小米50克，红糖适量。

做法：①豌豆、小米分别洗净，浸泡。②锅中放入小米和适量水，大火烧沸后改小火，熬煮成粥；放入豌豆，小火继续熬煮。③待粥煮至熟烂时，调入红糖。

功效：豌豆搭配小米，营养全面且易于吸收。

这样吃更健康 豌豆不易消化，新妈妈不可连续食用此粥。

非哺乳妈妈的营养菜谱

粥 南瓜小米粥

原料:小米、南瓜各50克。

做法:①将小米淘洗干净;南瓜洗净,切小丁。②将小米和南瓜放入锅中,加适量水,大火煮沸,转小火煮至南瓜绵软,小米开花即可。

功效:小米与南瓜同食,可滋阴养血,适合产后不哺乳的新妈妈调养身体,恢复体力。

> 这样吃更健康 此粥和水煮鸡蛋一起搭配吃,更有利于新妈妈产后体力的恢复。

菜 板栗烧仔鸡

原料:板栗6颗,仔鸡半只,高汤、盐、料酒、白糖、蒜瓣各适量。

做法:①板栗开个口子,放入锅中,加适量水,大火煮10分钟,捞出来去壳,去皮。②仔鸡洗净,切块,放白糖、盐、料酒腌制10分钟。③将板栗、仔鸡放入锅中,加入高汤,调入料酒、白糖,中火焖烧至板栗熟烂,再调至大火,加入蒜瓣,继续焖5分钟即可。

功效:板栗烧仔鸡补而不腻,能促进子宫恢复。

> 这样吃更健康 脾胃不好的新妈妈也可以吃一些用板栗做的糕点。

饮 蜂蜜香油饮

原料:蜂蜜1汤匙,香油适量。

做法:①将一杯开水晾温,滴入香油和蜂蜜,混合均匀。②可按个人口味调节浓淡度。

功效:对不能由宝宝吸吮而促进子宫收缩的非哺乳妈妈来说,适当食用香油可帮助子宫的收缩和恶露的排出。

> 这样吃更健康 蜂蜜香油饮搭配面包一起食用,口感更好。

我的孕期进程:产后第2周

| 备孕 | 孕1月 | 孕2月 | 孕3月 | 孕4月 | 孕5月 | 孕6月 | 孕7月 |

非哺乳妈妈的营养菜谱

 小米黄鳝粥

原料:小米30克,黄鳝肉50克,胡萝卜、姜末、盐、白糖各适量。

做法:①将小米洗净;黄鳝肉洗净切段;胡萝卜洗净切丁。②在砂锅中加适量水,烧沸后放入小米,用小火煲20分钟。③放入姜末、黄鳝肉、胡萝卜煲15分钟,熟透后放入盐、白糖调味即可。

功效:此粥含有丰富的蛋白质、碳水化合物、维生素和矿物质,有益气补虚的功效,有利于非哺乳妈妈的身体恢复。

> **这样吃更健康** 烹饪前最好用开水烫去黄鳝身上的滑腻物,这样烧出来的黄鳝才更美味。

🥬 麦芽山楂蛋羹

原料:鸡蛋2个,炒麦芽、淮山药各15克,山楂20克,干淀粉、盐各适量。

做法:①将炒麦芽、山楂、淮山药洗净,放入药锅内,加适量水,煮1小时左右,取汤。②鸡蛋去壳打散;干淀粉用水调成糊状。③将汤煮沸,加入鸡蛋液及淀粉糊,边加边搅拌,最后加盐调味即可。

功效:这道羹健脾开胃、消食导滞,麦芽有利于非哺乳妈妈回乳,鸡蛋能补充足够的蛋白质。

> **这样吃更健康** 产后新妈妈往往食欲不佳,适当吃些山楂,还有助于增进食欲,帮助消化。

🍲 莲子薏米煲鸭汤

原料:鸭肉150克,莲子10克,薏米20克,葱段、姜片、百合、白糖、盐各适量。

做法:①把鸭肉洗净,切成块,焯水后捞出放入锅中;百合掰瓣,洗净;薏米洗净。②在锅中依次放入葱段、姜片、莲子、百合、薏米,再加入白糖,倒入适量开水,用大火煲熟。③待汤煲好后出锅时加盐调味。

功效:鸭肉易于消化,适合产后新妈妈恢复身体食用。

> **这样吃更健康** 汤不宜过油。

产后第 3 周

宝宝变化

该补充维生素 D 了

　　到了第 3 周，宝宝的排便次数会相对减少，但排泄量会增加。从第 3 周开始，就应该适量给宝宝补充维生素 D，至少补充到 2 岁。母乳中维生素 D 的含量较少，因此需要额外补充维生素 D，可在医生指导下选用鱼肝油或纯维生素 D 制剂。

妈妈变化

乳汁增多

　　乳房开始变得饱满，肿胀感减退，清淡的乳汁渐渐浓稠起来。每天哺喂次数增多，偶尔还会漏乳，新妈妈要及时换乳垫、内衣，注意不让硬的东西刺激乳头。

食欲增强

　　随着宝宝食量的增加，新妈妈的食欲有所增强，时常会出现饿的感觉。经过 2 周的调整和进补，胃肠功能有所恢复，现在新妈妈吃什么宝宝就会吸收什么。

子宫回复到骨盆内

　　产后第 3 周，子宫基本收缩完成，已回复到骨盆内的位置，最重要的是子宫内的污血几乎完全排出了。子宫即将恢复孕前状态，雌激素分泌会特别活跃。

伤口明显好转

　　会阴侧切的伤口已没有明显的疼痛。而剖宫产妈妈的伤口内部会时有时无地疼痛，但只要不持续疼痛，且没有分泌物溢出，再过 2 周左右就可以恢复正常了。

恶露不再含有血液

　　产后第 3 周是白色恶露期，会持续 1~2 周。恶露里大量的白细胞、退化蜕膜、表皮细胞和细菌，使恶露变得黏稠，且色泽较白，仍要注意会阴的清洗和保护。

> **Tips:** 轻微腹泻莫担心
>
> 　　现在，新妈妈为了催乳而喝下较多的汤，会有轻微的腹泻。可每餐适当减少催乳汤的摄入量，并多吃些汤中的蔬菜。

我的孕期进程: 产后第 3 周

备孕	孕1月	孕2月	孕3月	孕4月	孕5月	孕6月	孕7月

产后第3周新妈妈饮食宜忌

产后第3周，新妈妈可以多进补，这不仅可以促进身体恢复，还可通过月子里的健康饮食生活方式，改善怀孕前的便秘、怕冷、易疲劳等问题。哺乳妈妈要注意补充催乳食物，保证充足的水分，才能更好地分泌乳汁。非哺乳妈妈回乳食品要多样化，才能保证营养全面。

宜适量补充催乳食物

一说到催乳，新妈妈首先就想到传统的鲫鱼汤、猪蹄汤。其实催乳并非一定是肉汤鱼汤，也可选择其他汤类，既让自己奶量充足，又可修复元气且不发胖。每日喝牛奶、多吃新鲜蔬果，都有利于通乳催乳。此外，还要重视水分的补充，这是乳汁分泌的基础。

忌只喝汤不吃肉

很多非哺乳妈妈想产后尽快恢复身材，所以很少吃肉，这种做法是错误的。产后妈妈为了身体恢复可以常喝些鸡汤、鱼汤、猪蹄汤等，但是肉的营养价值也不容忽视，喝汤的同时还是要吃些肉类，以全面补充身体所需要的营养。

忌随意用中药催乳

很多新妈妈会用中药来帮助催乳。但在此之前，要先分清楚自己属于哪种类型，应咨询医生后再用药。中医认为，产妇缺乳主要有两种发病机理：气血虚弱、肝郁气滞。

气血虚弱型缺乳是指新妈妈在分娩时出血过多，或平时身体虚弱，导致产后乳汁少或不下。表现为乳房柔软不胀、面色苍黄、神疲乏力、头晕耳鸣、心悸气短、腰酸腿软等。一般服用补血益气与通乳药材，比如黄芪、党参、当归、通草等。

肝郁气滞型缺乳可能跟新妈妈在产后生气、精神压力大及心情抑郁有关，表现为乳房胀满疼痛、胃胀痛、舌苔薄黄、脉弦。宜选用行气活血药物，如王不留行。

回乳食谱宜多样化

非哺乳妈妈在用麦芽粥回乳时，要加些营养丰富的食材，如杏仁、核桃、牛奶等，帮助新妈妈身体恢复。除了麦芽，韭菜、花椒等食物都是传统的回乳食物。另外，中医认为要控制瓜类等凉性食物的食量。

 专家答疑

？ 天天喝小米粥，营养能跟上吗？

！ 月子期间，不能只以小米粥为主食，而忽视了其他营养成分的摄入。分娩后的几天可以以小米粥等流质食物为主，但当肠胃功能恢复之后，就需要均衡地补充多种营养成分，否则剖宫产妈妈的伤口还可能会因为营养不良而迟迟难以恢复。

哺乳妈妈的营养菜谱

粥 花生猪蹄小米粥

原料: 猪蹄1个, 花生、鲜香菇各20克, 小米50克。

做法: ①猪蹄去毛洗净, 切块, 放入锅中, 加适量水, 煮至软烂; 花生、鲜香菇、小米洗净; 鲜香菇切块。②锅中放入小米、花生和猪蹄, 加适量水, 大火烧沸后改用小火, 熬煮成粥。③待粥煮熟时, 放入香菇块略煮即可。

功效: 猪蹄可补血、通乳、养颜, 适合哺乳妈妈食用。

这样吃更健康 若觉得猪蹄油腻, 也可换成排骨或者鸡肉。

菜 枸杞子红枣蒸鲫鱼

原料: 鲫鱼1条, 红枣、葱姜汁、枸杞子、料酒、盐、清汤、醋各适量。

做法: ①鲫鱼处理好, 洗净, 焯烫后用温水冲洗。②鲫鱼腹中放红枣, 将鲫鱼放入汤碗内, 倒进枸杞子、料酒、醋、清汤、葱姜汁、盐。③把汤碗放入蒸锅内蒸20分钟即可。

功效: 鲫鱼搭配红枣和枸杞子, 有很好的补血通乳作用。

这样吃更健康 用新鲜鲫鱼蒸食, 汤鲜肉嫩。

主食 鳝丝打卤面

原料: 面条、黄鳝丝各100克, 葱末、姜末、白糖、盐、香油、高汤各适量。

做法: ①面条入沸水锅中煮熟透, 捞出。②油锅烧热, 放黄鳝丝, 炸至黄鳝丝发硬时捞出。③锅中留少量油, 放入白糖、葱末、姜末、高汤、盐制成卤汁, 倒入黄鳝丝, 上下翻动, 使卤汁粘在黄鳝丝上, 出锅浇在面条上, 淋上香油即可。

功效: 黄鳝能补脾益气和催乳, 适合新妈妈滋补、催乳之用。

这样吃更健康 作为早餐食用, 有滋补益气、催乳的功效。

我的孕期进程: 产后第3周

备孕　　　孕1月　　　孕2月　　　孕3月　　　孕4月　　　孕5月　　　孕6月　　　孕7月

哺乳妈妈的营养菜谱

汤 通草鲫鱼汤

原料:鲫鱼1条,黄豆芽30克,通草3克,盐适量。

做法:①将鲫鱼处理干净,洗净;黄豆芽洗净。②锅中加入适量水,放入鱼,用小火炖煮15分钟。③再放入黄豆芽、通草、盐,炖煮10分钟,去掉黄豆芽、通草,即可食鱼饮汤。

功效:通草能通乳汁,与消肿利水、通乳的鲫鱼、黄豆芽共煮制成汤菜,具有温中下气、利水通乳的作用。

> **这样吃更健康** 鲫鱼是传统的催乳食物,此汤可作午餐与米饭同食,在催乳的同时帮助新妈妈恢复体力。

粥 猪蹄玉米粥

原料:鲜玉米50克,猪蹄60克,粳米30克,葱段、姜片、盐各适量。

做法:①猪蹄洗净切成小块,在开水锅内焯一下;鲜玉米洗净,切成圆段;粳米淘洗净。②砂锅加水,放粳米、猪蹄、姜片、葱段,开锅后转小火,煮1小时后加入鲜玉米段,再煮1小时,加盐出锅即可。

功效:猪蹄是传统的下奶食物,并且含有丰富的胶原蛋白,可增强皮肤弹性和韧性。

> **这样吃更健康** 猪蹄不宜在睡觉前吃。

粥 豌豆排骨粥

原料:粳米100克,豌豆、猪排骨各50克,盐适量。

做法:①豌豆洗净;猪排骨洗净,剁成小块。②锅中放入适量水、豌豆、猪排骨,煮至豌豆熟烂,加盐调味。③粳米淘洗干净,煮成粥。④将煮熟的豌豆、猪排骨一起放入米粥中炖煮至沸即可。

功效:豌豆排骨粥鲜香适口,软烂顺滑,还有下乳的作用,适合产后乳汁较少的新妈妈食用。

> **这样吃更健康** 豌豆不易消化,新妈妈不宜多吃。

孕8月　　孕9月　　孕10月　　产后第1周　　产后第2周　　**产后第3周**　　产后第4周　　产后第5周　　产后第6周

非哺乳妈妈的营养菜谱

 胡萝卜芹菜粥

原料:粳米100克,胡萝卜50克,芹菜20克,盐适量。

做法:①将粳米淘洗干净,倒入加有适量水的锅中熬煮。②胡萝卜去皮切丝;芹菜择洗干净,切小丁。③粳米煮至七成熟时,倒入胡萝卜丝和芹菜丁,一同熬煮至熟,最后用盐调味即可。

功效:此粥中富含胡萝卜素、维生素等营养成分,有利于提高新生儿的免疫力。

> **这样吃更健康** 胃肠功能不佳的新妈妈应少吃芹菜。

什锦面

原料:面条100克,肉馅50克,鸡蛋1个,香菇、豆腐、胡萝卜、海带各20克,香油、盐、鸡骨头各适量。

做法:①鸡骨头和洗净的海带一起熬汤;香菇、胡萝卜洗净,切丝;豆腐洗净切条。②肉馅加入蛋液后揉成小丸子,在开水中焯熟。③把面条放入熬好的汤中煮熟,放入香菇丝、胡萝卜丝、豆腐条和小丸子、盐、香油即可。

功效:此面营养均衡,易于消化,适合新妈妈恢复体力之用。

> **这样吃更健康** 什锦面里的各种食材要都吃,营养才均衡。也可将海带、胡萝卜替换成绿叶蔬菜。

胡萝卜菠菜鸡蛋饭

原料:米饭50克,鸡蛋2个,胡萝卜、菠菜各20克,葱末、盐各适量。

做法:①胡萝卜洗净,切丁;菠菜洗净,切碎;鸡蛋打成蛋液。②锅中倒油,放鸡蛋液炒散。③锅中再倒油,放葱末煸香,加入米饭、胡萝卜丁、菠菜碎、鸡蛋翻炒,最后加盐调味即可。

功效:这道主食味道鲜香,营养丰富,有利于新妈妈身体的恢复。

> **这样吃更健康** 每天最多吃2个鸡蛋。炒饭里的蔬菜可换成应季的蔬菜,这样会更营养、健康。

我的孕期进程:产后第3周

| 备孕 | 孕1月 | 孕2月 | 孕3月 | 孕4月 | 孕5月 | 孕6月 | 孕7月 |

非哺乳妈妈的营养菜谱

(菜) 羊肝炒荠菜

原料:羊肝100克,荠菜50克,火腿10克,姜片、盐、水淀粉各适量。

做法:①羊肝洗净,切片,焯烫后沥水;荠菜洗净,切段;火腿切片。②起油锅,放入姜片、荠菜段炒至断生,加入火腿片、羊肝片,调入盐,再用水淀粉勾芡即可。

功效:羊肝含有丰富的铁,与荠菜搭配,是产后一道营养佳肴。

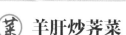荠菜时令性较强,买不到时,新妈妈也可以用竹笋或洋葱代替。

(菜) 白斩鸡

原料:三黄鸡1只,葱末、姜末、蒜末、香油、醋、盐、白糖各适量。

做法:①三黄鸡处理干净,放入热水锅中,用小火焖2小时,利用水的热度把鸡浸透、泡熟。②把所有调料放到小碗里,用浸过鸡的鲜汤将其调匀。③把鸡拿出来剁小块,放入盘中,把调好的汁浇到鸡肉上。

功效:此道菜品保留了鸡肉的原汁原味,营养又美味。

这样吃更健康 这样吃有些腻,新妈妈也可以用三黄鸡与冬瓜或土豆同炖,口感清淡、肉质细滑。

(菜) 如意蛋卷

原料:虾仁2只,鸡蛋1个,草鱼肉1片,蒜薹4根,紫菜、盐、水淀粉各适量。

做法:①草鱼肉与虾仁剁成肉茸,加盐、水淀粉,顺同一方向搅拌至上劲。②蒜薹焯烫,鸡蛋打散制成蛋皮。③蛋皮上铺上紫菜,将肉茸铺在紫菜上,左右两边各放蒜薹,分别卷起来,在中间汇合;蛋卷汇合处抹少许水淀粉,用细绳绑住,上蒸锅蒸熟即可。

功效:适合体虚的新妈妈食用。

这样吃更健康 蒜薹与青红椒、豆干、猪肉丝一同炒食,适合新妈妈的口味。

产后第 4 周

宝宝变化

体重增加了

　　宝宝的喝奶量增加了，而且与之前相比，现在的体重也有了明显增加。可以明显感觉到宝宝的小脸蛋开始变得圆润，手臂和腿也都圆乎乎的。到了第4周，可以给宝宝看高对比度的黑白图案，能刺激宝宝的视力发育和大脑发育，还有助于培养宝宝的观察力、记忆力和专注力。

妈妈变化

身体逐渐恢复到产前状态

　　第4周是新妈妈体质恢复的关键期，身体各个器官逐渐恢复到产前的状态。而且经过了3周的休息，胃肠功能逐渐好起来。此时可以增加食补，但仍需注意不要给胃肠道造成过大的负担。

子宫大体复原

　　产后第4周，子宫大体复原，新妈妈应坚持做些产后体操，以促进子宫、腹肌、阴道、盆底肌的恢复。

做好享受三人世界的心理准备

　　再过几天，新妈妈就可以和新爸爸一起，带着宝宝在晴朗的午后晒太阳，一同感受外面的世界了。由二人世界进入到三人天地，生活变得更新鲜、更有趣。

恶露基本排干净

　　产后第4周，白色恶露基本排干净了，变成了普通的白带。但是，新妈妈仍应注意每日清洗会阴，勤换内衣裤。

预防乳腺炎

　　宝宝不完全吸空乳房、哺乳不规律及乳房局部受压，易导致急性乳腺炎。因此新妈妈要密切关注乳房的状况，经常清洁乳头。勤给宝宝喂奶，让宝宝尽量吃完乳房里的乳汁。

> **Tips：留意瘢痕增生**
>
> 　　这个时期，剖宫产妈妈手术伤口有瘢痕增生的现象。不要用手抓挠，避免热水清洗；夏天及时擦汗，避免刺激到伤口。

我的孕期进程：产后第4周

备孕	孕1月	孕2月	孕3月	孕4月	孕5月	孕6月	孕7月

产后第4周新妈妈饮食宜忌

本周是新妈妈体质恢复的关键时期，身体各器官逐渐恢复到产前状态。哺乳妈妈可以选择一些热量高的食材，但不要吃过量。食物仍应以易消化为主，以防消化不良。非哺乳妈妈现在可恢复孕前饮食，注意饮食均衡，控制能量摄入。孕期体重增加超标的新妈妈可适当开始减重。

宜减少油脂的摄取

产后第4周，新妈妈要减少油脂的摄取。如食用麻油鸡汤，可将浮油撇去，鸡肉去皮食用，不但能摄入充足的蛋白质，还方便新妈妈产后瘦身。为了减少油脂的摄取，用营养相近的食物替代高热量食物也是有效的办法。

忌吃刺激性食物

产后第4周是新妈妈体质恢复的关键时期，要注意胃肠的保健，不要吃刺激性食物，避免出现腹痛或腹泻，影响到宝宝的健康。早餐多吃些五谷杂粮，午餐多喝滋补汤，晚餐加强补充蛋白质，加餐可选择桂圆粥、牛奶等。

宜食用低脂、低热量的滋补食物

非哺乳妈妈在忙于回乳的同时，也需要适当进补。建议非哺乳新妈妈吃一些低脂、低热量并且有滋补功效的食物，帮助身体尽快恢复，也有助于产后瘦身，降低患糖尿病的风险。

增加蔬菜的食用量

在滋补的同时，新妈妈也不要忽视膳食纤维和维生素的补充。蔬菜中的膳食纤维和维生素不仅能促进食欲，防止便秘发生，还能吸收肠道中的有害物质，有助于将体内的毒素排出。所以新妈妈要适当增加蔬菜的食用量。

适当吃点粗粮

粗粮是碳水化合物、膳食纤维、B族维生素等的主要来源，也是热量的主要来源，其营养价值是肉、奶、蛋不能替代的。新妈妈可以适当吃一些燕麦、玉米、小米、红薯等粗粮，容易产生饱腹感，可以避免能量摄入过多，影响体形恢复。

专家答疑

哺乳妈妈能吃"发物"吗?

有传统观点认为，各种海鲜均为"发物"，哺乳的妈妈不能吃，否则会使宝宝脸上长"痘痘"。这种说法不太科学。海鲜类确实是容易引发过敏的食物，如果哺乳妈妈对某种海鲜或其他食物过敏，则不宜选用。如果孕前或孕期一直吃某些海鲜，并未引起过敏，则哺乳期依然可以食用。

哺乳妈妈的营养菜谱

菜 肉末蒸蛋

原料:鸡蛋2个,猪肉(三成肥七成瘦)50克,水淀粉、盐、葱花、生抽各适量。

做法:①将鸡蛋打散,放入盐和适量水搅匀,上锅蒸熟;猪肉洗净剁成末。②油锅烧热,放入肉末,炒至松散出油;加入葱花、生抽及水,用水淀粉勾芡后,浇在蒸好的鸡蛋羹上即可。

功效:此蛋羹营养丰富,口感好,有利于新妈妈的身体恢复。

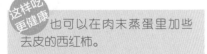

这样吃更健康 也可以在肉末蒸蛋里加些去皮的西红柿。

菜 麻油鸡

原料:三黄鸡1只,香油、姜片、盐、冰糖、米酒各适量。

做法:①三黄鸡洗净,切块,放入锅中,加水大火烧开,捞出鸡块洗净。②锅中入香油,爆香姜片,放入鸡块,煸炒至边缘微焦。③加冰糖和米酒继续翻炒3分钟,加适量热水,大火烧开后改小火加盖焖煮50分钟,最后用盐调味。

功效:麻油鸡温和滋补,最适合现在的新妈妈。

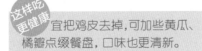

这样吃更健康 宜把鸡皮去掉,可加些黄瓜、橘瓣点缀餐盘,口味也更清新。

菜 干贝灌汤饺

原料:面粉100克,肉泥80克,干贝20克,白糖、姜末、盐各适量。

做法:①将面粉加适量水和盐,揉成面团,稍饧,制成圆皮。②干贝用温水泡发、撕碎,然后将肉泥、干贝、姜末、盐、白糖加适量植物油调制成馅。③取圆皮包入馅料,捏成月牙形,煮熟即可。

功效:干贝中含有丰富的蛋白质和钾、硒等矿物质,可以滋阴补血、益气健脾,适合本周新妈妈食用。

这样吃更健康 干贝还可以与蘑菇做成汤,味道特别鲜美,且富含蛋白质和多种矿物质。

我的孕期进程:产后第4周

备孕	孕1月	孕2月	孕3月	孕4月	孕5月	孕6月	孕7月

哺乳妈妈的营养菜谱

汤 清炖鸽子汤

原料:鸽子1只,香菇、木耳各20克,山药50克,红枣4颗,枸杞子、葱段、姜片、盐各适量。

做法:①香菇洗净;木耳泡发后洗净,撕成大片;山药削皮,切块。②鸽子放入开水中,去血水、去沫,捞出待用。③砂锅放水烧沸,放姜片、葱段、红枣、香菇、鸽子,小火炖1个小时。④放入枸杞子、木耳,炖20分钟。⑤放入山药,用小火炖至酥烂,加盐调味即可。

功效:富含蛋白质,美味滋补。

这样吃更健康 如果没有鸽子肉,也可以用鹌鹑肉代替,清蒸或煲汤都很美味。

汤 杜仲猪腰汤

原料:猪腰100克,杜仲20克,葱段、姜片、盐各适量。

做法:①猪腰洗净,剔除筋膜后切成腰花,用开水焯烫后捞出洗净。②杜仲洗净,放入砂锅中,加入适量水后用大火煮开,转小火煮成浓汁。③加葱段、姜片、腰花与适量水同煮10分钟,加盐调味即可。

功效:本周新妈妈活动增加,适宜吃些杜仲,能防治腰部疼痛,还可减轻产后乏力、头晕等不适。

这样吃更健康 食用前要注意把猪腰上的筋膜剔除干净。

粥 阿胶粥

原料:阿胶15克,粳米50克,红糖适量。

做法:①将阿胶捣碎备用。②取粳米淘净,放入锅中,加水适量,煮成稀粥。③待熟时,调入捣碎的阿胶,加入红糖煮至融化即可。

功效:补血是整个月子期间都要重视的饮食原则,阿胶味甘、性平,有补血止血、滋阴润肺的功效,是月子期的补血圣品。

这样吃更健康 煮粥时,加点红枣和猪肝,同样能起到补铁补血的效果。

LOADING...

非哺乳妈妈的营养菜谱

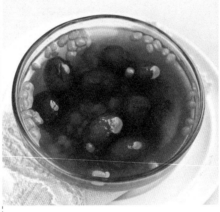

汤 白萝卜炖蛏子

原料:白萝卜50克,蛏子100克,葱段、姜片、蒜末、盐、料酒各适量。

做法:①蛏子洗净,水中泡2小时;蛏子入沸水中略烫一下,捞出剥去外壳;白萝卜削皮,切丝。②锅内放油烧热,放入葱段、蒜末、姜片炒香后,倒入水、料酒。③将剥好的蛏子肉、白萝卜丝一同放入锅内炖煮。④汤煮熟后,加盐即可。

功效:蛏子富含多种矿物质,如硒,适合新妈妈补充营养。

这样吃更健康 也可将蛏子换成蛤蜊。过敏者不宜食用。

饮 红糖薏米饮

原料:绿豆、薏米各30克,红枣、红糖各适量。

做法:①薏米及绿豆洗净后用水浸泡一夜;红枣洗净。②将浸泡后的绿豆和薏米放入锅内,加入适量水,用大火烧沸后改用小火煮至熟透。③加入红糖、红枣,继续煮5分钟即可。

功效:绿豆能兴奋神经、增进食欲,对于产后因不能哺乳而压力过大的新妈妈来说是很好的调节剂。

这样吃更健康 血糖异常的新妈妈应注意糖的摄入量,不宜多食红糖。

汤 板栗黄鳝煲

原料:黄鳝1条,板栗5颗,姜片、盐、料酒各适量。

做法:①将处理好的黄鳝切成段,加盐、料酒拌匀,备用;板栗洗净去壳。②将黄鳝段、板栗、姜片一同放入锅内,加入适量水,大火煮沸,转小火再煲1小时。③出锅前加盐调味即可。

功效:黄鳝味甘、性温,可滋阴补血,对产后新妈妈筋骨酸痛、浑身无力、精神疲倦等都有良好疗效。

这样吃更健康 烹饪前最好用开水烫去黄鳝身上的滑腻物,这样烧出来的黄鳝才更美味。

我的孕期进程:产后第4周

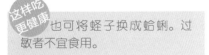

| 备孕 | 孕1月 | 孕2月 | 孕3月 | 孕4月 | 孕5月 | 孕6月 | 孕7月 |

非哺乳妈妈的营养菜谱

 山药奶肉羹

原料:羊肉150克,山药50克,牛奶120毫升,盐、姜片各适量。

做法:①羊肉洗净,切片;山药去皮,洗净,切片。②将羊肉、山药、姜片放入锅内,加入适量水,小火炖煮至肉烂,出锅前加入牛奶和盐,稍煮即可。

功效:此羹益气补虚、温中暖下,适用于新妈妈疲倦气短、失眠等症,是一道清淡可口的滋补佳品。

这样吃更健康 炖肉熬汤时,一定要保持滚沸状态,否则熬出的肉汤清淡不乳白。

汤 桂花紫山药

原料:山药100克,紫甘蓝40克,糖桂花适量。

做法:①山药洗净后去皮,斜切上蒸锅蒸熟,晾凉;紫甘蓝洗净,切碎,加适量水用榨汁机榨成汁。②将山药在紫甘蓝汁里浸泡1小时至均匀上色后摆盘,浇上糖桂花即可。

功效:山药与紫甘蓝同食,补益效果好。

这样吃更健康 紫甘蓝汁、柠檬汁、盐、白糖、白醋做成调味汁,将焯熟后的莲藕片放调味汁里浸泡入味。

粥 红枣板栗粥

原料:粳米100克,红枣6颗,板栗4颗。

做法:①板栗煮熟,去壳;红枣洗净去核;粳米洗净。②将粳米、红枣、煮熟的板栗放入锅中,加水煮沸。③转小火煮至粳米熟透即可。

功效:此粥是产后新妈妈的补虚佳肴。

这样吃更健康 板栗煮熟,压成泥,与面粉和成面团,制成窝窝头,鲜香中略带丝丝甜味,吃起来更可口。

LOADING...

孕8月 孕9月 孕10月 产后第1周 产后第2周 产后第3周 **产后第4周** 产后第5周 产后第6周

产后第5周

宝宝变化

能分辨熟悉的声音

　　刚出生的宝宝对声音很敏感,周围有声音时,宝宝会转头寻找声源。宝宝现在对爸爸妈妈的声音很熟悉,听到爸爸妈妈的声音会变得安静下来或很兴奋。所以在给宝宝喂奶、换尿布或洗澡的时候,应该多和宝宝说说话,或哼唱轻柔的歌曲,这些都是适合与宝宝的交流方式,宝宝也会在这个过程中逐渐学习听和说。

妈妈变化

进餐重质不重量

　　新妈妈全身器官(除乳腺)恢复至正常状态,大约需要6周,这42天称为产褥期,也就是我们所说的坐月子。因此,本周新妈妈的饮食和生活仍不可掉以轻心。

伤口几乎感觉不到疼痛

　　会阴侧切的新妈妈基本感觉不到疼痛了,剖宫产的新妈妈偶尔会觉得有些许疼痛。不过大多数新妈妈完全沉浸在照顾宝宝的辛苦和幸福中,并不觉得有多疼。

挤出多余的乳汁

　　经过前4周的调养和护理,本周新妈妈乳汁分泌量增加。要注意乳房的清洁,多余的乳汁一定要挤出来。哺乳时,要让宝宝含住整个乳晕,而不是仅含住乳头,以防发生乳头皲裂和乳腺炎。

胃肠功能基本恢复正常

　　本周,新妈妈的胃肠功能基本恢复正常,但是对于哺乳妈妈来说,仍要注意控制脂肪的摄入,不要吃太多含油脂的食物,以免对肠胃造成不利影响,也可避免乳汁过于浓稠阻塞乳腺。

白带正常分泌

　　本周白带开始正常分泌,新妈妈的恶露几乎没有了。理论上可以进行性生活了,但最好等到第6周后,剖宫产妈妈则要等到3个月之后。如果本周恶露仍未干净,就要当心是否子宫复旧不全,迟迟不入盆腔,应该及时去医院检查。

我的孕期进程:产后第5周

备孕	孕1月	孕2月	孕3月	孕4月	孕5月	孕6月	孕7月

产后第5周新妈妈饮食宜忌

　　此阶段,哺乳妈妈要继续提倡母乳喂养,如果母乳量足,就不需添加其他配方奶。如果母乳不足,则首先应当选择混合喂养,即补授法和代授法,当混合喂养也不能坚持时,就只能用纯配方奶来喂养宝宝。非哺乳妈妈的饮食禁忌也许比哺乳妈妈要少一些,但是最好还是坚持良好的饮食习惯,这样可以让精力更充沛,也有助于身材的恢复。

宜平衡摄入与消耗

　　这一时期,新妈妈需要注意饮食的荤素搭配,适量吃些蔬果,使身体中的营养与消耗达到平衡。而产后第5周也是瘦身黄金周,新妈妈可以通过喂奶的方式让体内过多的营养物质通过乳汁排出,以避免体内脂肪堆积。

忌多吃巧克力

　　巧克力中含有的可可碱会通过母乳进入宝宝体内,并在宝宝体内积蓄。可可碱会刺激神经系统和心脏,导致消化不良、睡眠不稳、排尿量增加,不利于宝宝生长发育,更会影响新妈妈产后身体恢复。

新妈妈不宜郁郁寡欢

　　因为身体因素或其他原因不能实现母乳喂养的新妈妈不要郁郁寡欢,只要尽快把身体调理好,多给宝宝一些爱和关怀,宝宝一样会健康成长。非哺乳妈妈在过了回乳期后饮食要恢复正常,争取身体早点复原,尽快照顾宝宝。

宜常吃鱼和海产品

　　与畜肉相比,鱼和海产品具有蛋白质含量高、脂肪含量低的特点。另外,鱼类和海产品的脂肪质量也高于畜肉,含有较多的多不饱和脂肪酸,特别是 $\omega-3$ 脂肪。多吃鱼类和海产品可增加哺乳妈妈乳汁中 $\omega-3$ 脂肪含量,可以促进宝宝神经系统的发育。

忌吃生冷食物

　　产后新妈妈的代谢降低,体质大多从内热改为虚寒。如果产后进食生冷或寒凉食物,会不利于气血的充实,导致脾胃消化吸收功能障碍,不利于恶露排出和瘀血的消散。注意,这里说的生冷不仅指温度凉,也指食物本身的寒凉性质。

专家答疑

? 头发脱落怎么办?

! 之前拥有光泽、韧性头发的新妈妈,产后出现了明显的脱发症状,这是受到了体内激素的影响。这种症状最长在一年之内就能自动恢复正常,新妈妈不必担心。如果脱发严重,新妈妈可以补充维生素 B_1、谷维素等,但要在医生的指导下服用。

LOADING...

哺乳妈妈的营养菜谱

主食 茄丁挂面

原料:挂面100克, 西红柿、茄子、白菜心各30克, 葱花、酱油、盐各适量。

做法:①西红柿、茄子、白菜心洗净, 西红柿、茄子切丁, 白菜心切丝。②西红柿丁、茄子丁放入油锅内翻炒, 加入酱油、盐和适量水煮成汤汁。③挂面煮熟, 加入白菜心略煮, 出锅装碗。④将汤汁淋在挂面上, 撒上葱花。

功效:此面香气浓郁, 菜品丰富, 可促进新妈妈身体的恢复。

> **这样吃更健康** 新妈妈一周食用1次茄子即可。也可将茄子换成木耳、肉末、黄花菜、西葫芦等。

菜 萝卜虾泥馄饨

原料:馄饨皮15张, 胡萝卜、虾仁、香菇各20克, 鸡蛋1个, 盐、香油、葱末、姜末各适量。

做法:①胡萝卜、香菇和虾仁分别洗净, 剁碎; 鸡蛋打成蛋液。②锅内倒油, 放葱末、姜末, 下入胡萝卜煸炒, 再放蛋液划散。③所有材料混合, 加少许盐和香油, 拌成馅, 包成馄饨煮熟。

功效:虾是产后补蛋白质的佳品。

> **这样吃更健康** 萝卜易产气, 胃肠功能不佳的新妈妈可换成其他馅料。

菜 小白菜锅贴

原料:小白菜2棵,猪肉馅200克,面粉、葱末、姜末、生抽、盐各适量。

做法:①将洗净切碎去汁的小白菜与葱末、姜末、盐、生抽倒入猪肉馅中, 加油搅拌。②面粉加水揉成面团后饧20分钟, 擀成面皮; 将拌好的馅放入面皮中间, 包成锅贴。③平底锅刷油, 锅热后转小火, 锅贴摆入锅中, 待底部焦黄时即可。

功效:为新妈妈补充维生素和矿物质, 还能补充蛋白质和脂肪。

> **这样吃更健康** 用小白菜制作菜肴, 烹调的时间不宜过长, 以免损失营养。

我的孕期进程:产后第5周

备孕	孕1月	孕2月	孕3月	孕4月	孕5月	孕6月	孕7月

哺乳妈妈的营养菜谱

菜 清炒黄豆芽

原料:黄豆芽100克,葱丝、姜丝、盐各适量。

做法:①黄豆芽掐去根须,洗净。②油锅烧热,放入葱丝、姜丝炒出香味,加入黄豆芽同炒至熟,加盐即可。

功效:黄豆芽富含维生素,新妈妈可常吃。

这样吃更健康 黄豆芽与西红柿、胡萝卜丝、腐竹同炒,酸咸适口,新妈妈喝粥时可搭配食用。

粥 菠菜鸡肉粥

原料:菠菜150克,鸡肉、粳米各50克,盐适量。

做法:①粳米洗净;菠菜洗净,沸水中焯熟,切成段;鸡肉洗净,切丁。②锅中放入粳米和适量的水,大火煮沸后改小火熬煮。③待粥煮至黏稠时,放入鸡肉丁,煮熟。④加入菠菜段,最后用盐调味。

功效:菠菜鸡肉粥营养丰富,不油腻,新妈妈可常吃。

这样吃更健康 一定要将菠菜放水中焯熟,再放锅中熬粥。

汤 莲子猪肚汤

原料:猪肚80克,莲子10克,红枣3颗,水淀粉、姜片、盐各适量。

做法:①莲子洗净去心,用水浸泡30分钟;猪肚用水淀粉和盐反复揉搓,洗净。②把猪肚放在开水中煮5分钟,将里面的白膜去掉,切段。③将猪肚、莲子、红枣、姜片一同放入锅内,加水煮开,撇去锅中的浮沫。④转小火继续炖2小时,加盐调味即可。

功效:此汤易于消化,符合本周新妈妈"重质不重量"的饮食原则。

这样吃更健康 将猪肚切成薄片爆炒,或将山药、板栗与猪肚煲成汤,都可补中益气。

LOADING...

非哺乳妈妈的营养菜谱

(汤) 玉竹百合苹果羹

原料:玉竹、百合各20克,蜜枣7颗,陈皮6克,苹果1个,猪瘦肉50克。

做法:①将所有材料洗净,苹果去核,切小丁;猪瘦肉洗净,切末。②锅中放适量水,加入除猪瘦肉以外的所有材料,煮开时下猪瘦肉,用中火煮约2小时即可。

功效:此汤味美且较清淡,适合新妈妈食用。

这样吃更健康 尽量使用瘦肉,避免过肥。不喜欢药膳的新妈妈可不用陈皮和玉竹,换成莲子和银耳。

(主食) 葱花饼

原料:面粉200克,葱花、盐各适量。

做法:①面粉加水和开,揉成面团后饧20分钟。②饧好的面团擀成薄饼,在表面涂一层油,撒上葱花和盐,将饼卷起,切段;将切好的段两头封闭好,擀成饼。③平底锅中倒油,锅热后转小火烙饼,一面烙好后翻面,至两面金黄即成。

功效:香软的葱花饼非常适合新妈妈食用。

这样吃更健康 水果、肉类、蔬菜都可以做馅料,食材不同,风味也各异。

(饮) 苹果蜜柚橘子汁

原料:柚子、苹果各1/2个,橘子1个,柠檬1片,蜂蜜适量。

做法:①柚子去皮去子,撕去白膜,取果肉;苹果洗净去皮及核,切块;橘子去皮去子取果肉;柠檬挤汁。②将上述材料全部放入榨汁机中,加入蜂蜜、温开水,搅打均匀即可饮用。

功效:柚子可润肠通便;橘子开胃消食,有美白护肤的功效。

这样吃更健康 新妈妈还可以将自己喜欢吃的水果榨成汁,记得要添加适量温开水后再饮用。

我的孕期进程:产后第5周

| 备孕 | 孕1月 | 孕2月 | 孕3月 | 孕4月 | 孕5月 | 孕6月 | 孕7月 |

非哺乳妈妈的营养菜谱

饮 蛋奶布丁

原料:鲜牛奶250毫升,鸡蛋1个,布丁、白糖各适量。

做法:①牛奶一半加入适量白糖,小火加热,一半备用。②锅中加少量水和白糖,小火慢熬至金黄色后,趁热倒入布丁模内。③鸡蛋搅匀,先加冷牛奶搅拌,再倒入加糖的热牛奶搅匀,用干净纱布过滤即成蛋奶。④将蛋奶浆倒入布丁模内八分满,小火炖20分钟,至中心熟透加入布丁,冷却即食。

功效:可养血生津、滋阴养肝。

> **这样吃更健康** 可加入草莓、苹果等水果丁,味道更可口。

主食 排骨汤面

原料:面条100克,猪排骨50克,小白菜30克,葱末、盐、干面粉各适量。

做法:①小白菜洗净,切丝,焯熟备用。②猪排骨剁成长块,加盐腌10分钟,加干面粉拌匀。③腌好的排骨块炸至焦黄,捞出沥油。④面条煮熟,盛出。⑤锅内倒入水烧开,加入盐、葱末搅匀,浇入面碗中,再放上排骨和小白菜丝即可。

功效:适合整个月子期食用。

> **这样吃更健康** 体重超标的新妈妈宜少吃排骨。

汤 黄芪枸杞子母鸡汤

原料:黄芪、枸杞子各10克,母鸡200克,红枣5颗,姜片、盐、米酒各适量。

做法:①将黄芪、枸杞子、姜片洗净并放入调料袋内;母鸡处理干净,切小块,入沸水烫后,捞出洗净。②将母鸡块、红枣和调料袋一起放入锅内,加水。③大火煮开后,改小火焖1小时,出锅前取走调料袋,加盐、米酒调味即可。

功效:鸡肉蛋白质的含量比较高,且很容易被人体吸收利用。

> **这样吃更健康** 也可将母鸡换成乌鸡,是新妈妈很好的营养补品。

产后第6周

宝宝变化

记忆力增强

宝宝的长时记忆在持续增强，如当听到洗奶瓶的声音或热奶器发出的声音时，宝宝会知道有奶喝了。这些同喂奶有关的举动，都会唤起宝宝对之前喂奶的幸福记忆。与此同时，宝宝的模仿能力逐渐变强，比如对语言的学习和表情的掌握等。爸爸妈妈如果对宝宝做一些表情，宝宝会尝试着模仿。

妈妈变化

预防乳房下垂

新妈妈在哺乳期乳腺内充满乳汁，重量明显增大，很容易加大下垂的程度。在这一关键时期，一定要穿戴胸衣，同时要注意乳房卫生，防止发生感染。

子宫完全恢复

产后第6周，新妈妈的子宫内膜已经复原，子宫体积已经收缩到原来的大小。此时，新妈妈应当去医院进行健康检查，了解自己的恢复情况。

月经可能已经来临

产后首次月经的恢复及排卵的时间都会受哺乳影响，非哺乳妈妈通常在产后6~10周就可能出现月经，而哺乳妈妈的月经恢复时间一般会有所延迟。

胃口很好

现在，新妈妈基本上没有什么不适感，荤素搭配合理的食谱，令胃肠变得很健康。新妈妈的胃口很好，挑选一个日子，偶尔满足下口腹之欲也没问题。

排泄次数增加

新妈妈应该有意识地加强锻炼了，以免食物储存在身体里变成负担。而且，新妈妈还会发现，排便的次数增加了，但没有腹泻症状。

伤口基本愈合

到了本周末，与宝宝一起去做产后检查时，才想起伤口上的痛，这估计是一种心理上的条件反射。新妈妈大可不必在意，伤口在这周将基本愈合。

我的孕期进程：产后第6周

备孕	孕1月	孕2月	孕3月	孕4月	孕5月	孕6月	孕7月

产后第6周新妈妈饮食宜忌

现在已经到了月子的最后1周，新妈妈的身体恢复得差不多了。对于饮食的选择，一方面，哺乳妈妈要选择提高乳汁质量的食物；另一方面，要补水排毒，增加膳食纤维的摄入量，有助于瘦身。新妈妈，尤其非哺乳妈妈，渴望瘦身的心情可以理解，但切不可操之过急。瘦身的同时，不可忽视对营养的补充。

宜根据宝宝生长调整饮食

宝宝能否完全吸收营养，通过大便可以反映出来。如果大便呈绿色，且量少、次数多，说明宝宝"饭"不够吃，需要妈妈多吃些下奶食物。如果便便呈油状，并有奶瓣儿，说明妈妈饮食中脂肪过多，这时就要注意了。

宜多吃海藻类食物

此时，非哺乳妈妈一方面需要减少脂肪的摄入量，另一方面又要保证摄取的营养充足。新妈妈可以吃些富含维生素、矿物质的海藻类食物，如海带、紫菜等。这些食物在为新妈妈提供必需营养素的同时，还可以瘦身。

不宜喝浓茶、咖啡

虽然没有证据表明浓茶、咖啡对宝宝有害，但茶中的鞣酸会影响食物中铁的吸收，咖啡会使人体的中枢神经兴奋，所以哺乳期间忌喝浓茶、咖啡。此外，碳酸饮料会使哺乳妈妈体内的钙流失，还会通过母乳对宝宝产生影响。

忌多吃高脂、高热量食物

产后为了身体的恢复与喂哺宝宝，新妈妈总会摄入很多高热量食物，进补很多的营养物质，这就很容易引起"产后肥胖症"。为此，在月子期的最后两周，新妈妈应多吃脂肪含量少的食物，如魔芋、竹荪、苹果等，以防止体重增长过快。

忌早餐不吃主食

虽然新妈妈想通过控制食量来恢复身材，但早餐一定要吃好。早餐中摄取的碳水化合物可以维持五脏的正常运作，因此必须吃主食。新妈妈可以选择全麦面包搭配牛奶或豆浆作为早餐，不仅能够提供身体所需能量，还能帮助瘦身。

 专家答疑

❓ 能用减肥茶、减肥药瘦身吗？

❗ 新妈妈不能盲目吃减肥茶、减肥药来达到瘦身目的，特别是对哺乳妈妈而言，考虑到膳食营养、哺乳等因素，减肥茶、减肥药会给宝宝带来不利的影响。在坐月子和哺乳期，要避免一切的减肥茶和减肥药。

哺乳妈妈的营养菜谱

主食 猪肝烩饭

原料: 米饭100克, 猪肝、瘦肉各30克, 胡萝卜、洋葱各20克, 蒜末、水淀粉、盐、白糖各适量。

做法: ①瘦肉、猪肝洗净, 切成片, 调入白糖、盐、水淀粉腌10分钟。②洋葱、胡萝卜洗净, 均切成片后用开水烫熟。③油锅烧热, 下蒜末煸香, 放入猪肝、瘦肉略炒; 依次放入洋葱片、胡萝卜和盐, 倒入水烧开, 加水淀粉, 淋在米饭上。

功效: 猪肝富含维生素A和铁, 是产后常用的补血食材。

这样吃更健康 茄子、肉丁、西红柿、洋葱一同炒熟, 用淀粉勾芡, 浇在米饭上, 吃起来更香。

汤 木瓜竹荪炖排骨

原料: 排骨300克, 竹荪25克, 木瓜1/2个, 盐适量。

做法: ①排骨切块, 放到沸水里煮2分钟后捞出。②竹荪用盐水泡发后, 剪小段、洗净; 木瓜去皮, 切块。③木瓜、竹荪、排骨一起放入砂锅中, 加水、盐, 炖1小时即可。

功效: 此菜味道鲜美, 营养丰富, 还有瘦身作用。

这样吃更健康 竹荪与鸡肉、姜片、葱段、枸杞子炖汤, 汤汁清亮而不油腻, 鸡肉细嫩而软滑。

饮 冬瓜蜂蜜汁

原料: 小冬瓜1/2个, 蜂蜜适量。

做法: ①冬瓜洗净, 去皮, 切成块, 放入锅中煮3分钟, 捞出, 加适量凉开水榨成汁。②加入蜂蜜, 调匀后即可饮用。

功效: 冬瓜中的膳食纤维能刺激肠道蠕动, 帮助新妈妈清热解毒, 顺利排便。

这样吃更健康 冬瓜尤其适合夏季坐月子的新妈妈食用, 可清热消暑。

我的孕期进程: 产后第6周

| 备孕 | 孕1月 | 孕2月 | 孕3月 | 孕4月 | 孕5月 | 孕6月 | 孕7月 |

哺乳妈妈的营养菜谱

主食 扁豆焖面

原料:扁豆200克,面条100克,酱油、香油、葱末、姜末、蒜末各适量。

做法:①扁豆洗净,切段。②油锅烧热,放入扁豆翻炒,加酱油、葱姜末,放少量水炖熟扁豆。③面条煮八成熟,均匀放在扁豆上,加盖小火焖十几分钟。④收汤后,搅拌均匀,放蒜末、香油即可。

功效:扁豆含碳水化合物、钙、磷、铁、叶酸及膳食纤维等,可为哺乳妈妈补充充分的营养素。

> **这样吃更健康** 扁豆和猪肉同炒,荤素搭配,营养更均衡。

粥 香蕉苹果粥

原料:香蕉1根, 苹果1/2个,粳米100克,冰糖适量。

做法:①香蕉、苹果去皮,切丁;粳米洗净,浸泡2小时。②锅中放入粳米和适量水,大火烧沸后改小火,熬煮成粥。③待粥煮好时,放入香蕉丁和苹果丁,略煮片刻;待粥煮至熟烂时,放入冰糖即可。

功效:此道水果粥香甜可口,可清热润肠、和胃健脾。

> **这样吃更健康** 可将苹果换成葡萄干或山药,不同的食材会令新妈妈耳目一新。

饮 芪枣枸杞子茶

原料:黄芪2片, 红枣6颗, 枸杞子10粒。

做法:①将黄芪、红枣洗净,放入锅中加水煮开,改小火再煮10分钟。②加入枸杞子,再煮1~2分钟,滤出茶汁即可。

功效:芪枣枸杞子茶可增加新妈妈的免疫力。

> **这样吃更健康** 不喜欢药材的味道,可以用苹果、梨等水果代替黄芪,这样口感和味道更好。

LOADING...

非哺乳妈妈的营养菜谱

粥 香蕉空心菜粥

原料: 香蕉、空心菜各100克,粳米80克。

做法: ①香蕉去皮,切丁;空心菜洗净,切段;粳米洗净,浸泡。②锅中放入粳米和适量水,大火烧沸后改小火,熬煮成粥。③放入香蕉丁、空心菜,搅拌均匀,略煮片刻。

功效: 此粥营养成分易于吸收,适合新妈妈食用。

> 这样吃更健康 肉末与空心菜一同炒食,会增加蔬菜的味道,吃起来更香。

粥 三文鱼粥

原料: 三文鱼、粳米各50克。

做法: ①三文鱼洗净,剁成鱼泥;粳米洗净,浸泡30分钟。②锅中放入粳米和适量水,大火烧沸后改小火,熬煮成粥。③待粥煮熟时,放入鱼泥,略煮片刻即可。

功效: 三文鱼中的不饱和脂肪酸随乳汁被宝宝吸收,对宝宝大脑发育极有好处。

> 这样吃更健康 三文鱼煎熟,蘸番茄酱食用,酸甜酥脆,吃起来很开胃。新妈妈吃生的三文鱼应十分小心。

菜 炒豆皮

原料: 豆皮1张,香菇、胡萝卜各20克,香油、姜片、盐各适量。

做法: ①香菇洗净,切片;胡萝卜洗净,切丝。②将香油烧热,爆香姜片,再放入豆皮、胡萝卜丝、香菇片炒熟,加盐调味即可。

功效: 豆皮是高蛋白、低脂肪、不含胆固醇的营养食品,是新妈妈喜欢的一道素食。

> 这样吃更健康 熟米饭与熟豌豆、熟玉米粒、黑芝麻搅匀,用豆皮包成饭团,浇点沙拉酱,吃起来味道好极了。

我的孕期进程: 产后第6周

| 备孕 | 孕1月 | 孕2月 | 孕3月 | 孕4月 | 孕5月 | 孕6月 | 孕7月 |

非哺乳妈妈的营养菜谱

菜 海带烧黄豆

原料:海带80克,黄豆、红椒丁各30克,盐、葱末、香油、姜末各适量。

做法:①海带洗净,切段;黄豆洗净,浸泡2小时。②把海带和黄豆分别焯透,捞出。③锅中放油,用葱末、姜末煸出香味,放入海带煸炒,然后加适量水,放入黄豆,再加入盐,小火烧至汤汁快收干时,加入红椒丁,最后淋香油。

功效:海带可排毒养颜,黄豆富含蛋白质、膳食纤维,可促进排便。

> **这样吃更健康** 黄豆还可泡发煮熟,与胡萝卜、莴苣同炒,就成了一道清淡营养的菜肴。

主食 米饭蛋饼

原料:鸡蛋2个,米饭1/2碗,白糖适量。

做法:①鸡蛋磕入碗中,加入少许白糖搅拌均匀。②把米饭倒入蛋液里,搅拌。③平底锅刷油,煎熟即可。

功效:将米饭和鸡蛋煎成饼,独特的香味会让新妈妈大快朵颐。

> **这样吃更健康** 新妈妈吃时,尽量煎得嫩一些,吃起来口感软糯。

菜 拌魔芋丝

原料:魔芋丝200克,黄瓜、胡萝卜各80克,芝麻酱、酱油、醋、盐各适量。

做法:①黄瓜、胡萝卜分别洗净,切丝;魔芋丝用开水烫熟,晾凉。②芝麻酱用水调开,加适量的酱油、醋、盐调成小料。③将魔芋丝和黄瓜丝、胡萝卜丝放入盘内,倒入调料,拌匀即可。

功效:魔芋富含膳食纤维,具有通便的作用,对新妈妈来说是非常健康的食物。

> **这样吃更健康** 魔芋还适合烧、焖、炒,笋丝烧魔芋、黄鳝焖魔芋、清炒魔芋,味道和营养都属上乘。

LOADING...

第五章

哺乳期营养饮食指导

母乳对妈妈宝宝的好处

母乳对宝宝的好处

母乳是育儿的第 1 步

哺乳期是宝宝的前语言期，宝宝只能通过触觉、嗅觉和比较模糊的视觉来感受妈妈。母乳喂养时，那个温暖的怀抱和熟悉的气味，都会让宝宝感到无比安全。妈妈们请用这天赋的乳汁滋养宝宝的身心吧！

有益于宝宝的发育

研究证明，母乳喂养的宝宝要比配方奶喂养的宝宝生病率低。母乳中有专门抵抗入侵病毒的免疫抗体，在宝宝6个月之前可有效防止麻疹、风疹的发生，并能预防哮喘等过敏性疾病。母乳为宝宝提供了充足的营养，有益于宝宝的智力发育。

母乳喂养，宝宝不爱"上火"

春秋冬季气候干燥，宝宝常有便秘、尿黄、眼屎多等"上火"症状，但母乳喂养的宝宝就能远离"上火"，这是因为母乳中的前奶富含水分，完全可以满足宝宝身体所需。而吃配方奶的宝宝还要在两次喂奶之间加喂一次水。

有抗感染作用

母乳含有大量的免疫球蛋白，在被宝宝摄入后，可以在胃肠道中不被胃酸和消化酶破坏，大部分可粘附在胃肠道黏膜上，对宝宝接触过的细菌和病毒有抗体作用，所以对宝宝有很好的保护作用，减少宝宝消化道、呼吸道和皮肤感染。

母乳喂养宝宝心脏更强健

母乳喂养宝宝的肝脏能更好地代谢胆固醇，所以长大后的血液胆固醇含量反而会低，心脏发病率也相应变低。有研究显示，牛奶或配方奶喂养的宝宝成年以后心血管疾病的发病率要高于母乳喂养的宝宝。

母乳更易被消化和吸收

母乳被认为是"易进易出"的食物，它含有酶，易于消化，更易于排便。与配方奶相比，母乳中所含的蛋白质、碳水化合物、脂肪、维生素、无机盐和水的比例适当，且容易被宝宝消化和吸收，宝宝娇嫩的胃更喜欢母乳。

Tips："初乳赛黄金"，妈妈要珍惜

产后7天内所分泌的乳汁称为初乳。民间观念认为这种乳汁不洁，要挤出扔掉。但科学研究表明，与成熟乳比较，初乳对新生宝宝的消化吸收非常有利，而且含有更多免疫因子，能保证新生宝宝免受病原菌的侵袭。

哺乳对妈妈的好处

帮助妈妈做幸福的"奶牛"

整个孕期，你的身体已在不知不觉中完成哺乳准备，乳腺中发生的各种导致乳汁生成的奇妙变化都是妊娠的自然结果，你只要放松心情，等待为宝宝送去爱的乳汁。妈妈们要坚信自己是一头优秀的"奶牛"，这是母乳喂养成功的第一步。

哺乳令妈妈身体放松、心情愉快

母乳中含有一种天然促进睡眠的蛋白质，能让宝宝安然入睡；而宝宝的吸吮动作也会使妈妈体内分泌有助于放松的激素。忙碌一天之后，喂奶能够让妈妈放松下来，消除劳累和疲乏，沉浸在哺乳的愉悦中，更深刻地享受自己的母亲角色。

哺乳也是一种良好的休息

不需要配方奶或携带奶瓶，不需要洗涤、消毒或储存，不需要计量、加热，不需要事先规划喂奶时间，不需要热奶，不会有剩余而导致变质，不管外面多冷多热，乳汁随时都有而且温度适中，对哺乳妈妈来说其实也是一种良好的休息。

大大降低乳腺癌的发病率

不结婚、不生育、不哺乳是患乳腺癌的三大因素，如果妈妈哺乳6个月，乳腺癌的发病率会降低。哺乳也包括吸乳器从乳房吸出乳汁，因为这会减少乳汁在输乳管和乳窦中的淤结和钙化，而这常常是乳腺炎的诱因。

> **Tips**: 不同时期的乳汁和营养成分
>
> **初乳：产后7天内**
> 含有丰富的热量和磷酸钙、氯化钙等营养，并含有丰富的免疫类物质。
>
> **过渡乳：7~10天**
> 蛋白质含量逐渐减少，而脂肪和乳糖含量逐渐增加，是初乳向成熟乳的过渡。
>
> **成熟乳：11天~9个月**
> 成熟乳中的蛋白质含量虽较初乳少，但各种蛋白质成分比例适当，脂肪和碳水化合物以及维生素、矿物质丰富，并含有帮助消化的酶类和免疫物质。
>
> **晚乳：10个月以上**
> 此时母乳的量和乳汁的各种营养成分均有所下降，但仍比人工喂养的乳品更适合宝宝，如果妈妈有乳汁，可坚持母乳喂养，但是要注意添加其他辅食。

坚持母乳喂养超过2年的妈妈，患乳腺癌和卵巢癌的概率要比喂养少于6个月的妈妈小一半。

哺乳期饮食指导

哺乳期健康饮食禁忌

忌食辛辣食物

哺乳妈妈胃口不佳时,会想吃一些辛辣食物来开胃。但刚分娩后体内有内热,吃辛辣食物会加重内热,易出现口舌生疮、大便秘结等,还易使宝宝上火。因此,产后1个月内不宜吃生蒜、辣椒、胡椒、茴香等辛辣食物。

可适当食用有排毒功能的食物

专家们发现,日益严重的环境污染对于乳汁的影响也不容忽视。哺乳妈妈可以尽量使自己远离污染源,同时也应该注意多食用一些有排毒功能的食物,例如蜂蜜、萝卜、海带、木耳、黄瓜、荔枝、绿豆、猪血、葡萄等,还要注意多喝水。

忌食刺激性的食物

新妈妈们在哺乳期间,对某些会影响乳汁分泌的食物或个人的一些特殊嗜好应敬而远之,不然就会影响自身和宝宝今后的身体健康。妈妈分娩后饮食宜清淡,不要吃那些刺激性的食物,包括刺激性的调味料、烟酒及咖啡等。

产后不宜多喝汤

新妈妈大多乳腺管还未完全通畅,产后前两三天不要太急着喝催奶的汤,不然涨奶期可能会痛得想哭,也容易得乳腺炎等疾病。而且肠胃功能还没有完全恢复,急着喝汤进补,会使得产后妈妈"虚不胜补",反而会给身体增加负担。

专家答疑

？ 靠吃各种营养素助泌乳可行吗?

！ 新妈妈产后泌乳要加强营养,这时的食物品种应多样化,最好应用五色搭配原理,黑、绿、红、黄、白尽量都能在餐桌上出现,既增加食欲,又均衡营养,吃下去后食物之间也可互相代谢消化。新妈妈千万不要依靠服用营养素来代替饭菜,应遵循人体的代谢规律,食用自然的饭菜才是正确的,真正符合"药补不如食补"的原则。

？ 哺乳期可以吃避孕药吗?

！ 避孕是产后新妈妈很关心的一个话题。口服避孕药安全长效,是新妈妈很青睐的一种避孕方法。它还能减少经期出血量,缩短经期,治疗月经失调,使痛经减轻。但产后6个月内的哺乳妈妈不应服用,以免影响乳汁质量;不哺乳的新妈妈,可在产后21天后开始服用。

哺乳期一周科学食谱推荐

星期	一	二	三	四	五	六	日
早餐	豆浆 小米发糕	燕麦粥 鸡蛋羹	绿豆粥 鹌鹑蛋	三明治 清蒸茄丝 西红柿鸡蛋汤	黄芪橘皮粥 （215页） 鸡蛋 芝麻拌菠菜	鸡蛋 豆包 小米红枣粥 （124页）	绿豆薏米粥 鸡蛋 苹果
午餐	鸡蛋虾仁炒饭 白菜炖豆腐 生化汤 （172页）	青菜肉丁面 地三鲜 红烧鲤鱼	米饭 凉拌藕片 骨汤烩酿豆腐 芹菜炒肉丝	什锦面 （188页） 虾仁豆腐 （58页） 苦瓜煎蛋	椒盐小饼 海米炒洋葱 姜枣枸杞乌鸡汤	馒头 鱼香肝片 猪肉焖扁豆 蛋花汤	米饭 鸡脯扒小白菜 洋葱鸡蛋 丝瓜汤
晚餐	绿豆薏米粥 清蒸鱼 冬笋拌豆芽	韭菜合子 海带排骨汤 鸡蛋玉米羹	陈皮海带粥 白菜烩鸡丝 香椿苗拌核桃仁	虾肉水饺 蒜蓉茼蒿 黄豆猪蹄汤 （214页）	馒头 干煎带鱼 蔬菜沙拉 鲜柠檬荸荠水	西红柿鸡蛋面 牛肉炒菠菜 藕拌黄花菜	香菇肉粥 清水煮虾 清炒荷兰豆 当归芍药汤 （217页）
加餐	牛奶 水果沙拉 松子	牛奶布丁 樱桃	麦麸饼干 开心果 木瓜牛奶露	荔枝山药莲子粥 核桃 酸奶	牛奶 醪糟蒸鸡蛋 木瓜	橙子 榛子 蛋糕 牛奶	苹果 板栗 牛奶

哺乳期美味汤粥

汤 黄豆猪蹄汤

原料:黄豆200克,猪蹄2只,葱段、姜块、盐、黄酒各适量。

做法:①猪蹄刮洗干净,顺猪爪劈成两半。②黄豆洗净,泡涨。③砂锅内上火,倒入清水,放入猪蹄、黄豆、葱段、姜块、黄酒。④大火烧开,撇去浮沫,小火煨炖至猪蹄软烂,加入盐调味即可。

功效:黄豆是豆类中营养价值最高的,含有丰富维生素及蛋白质。猪蹄可以健胃,活血脉。乳汁分泌不足时,可食用这款汤。

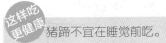 猪蹄不宜在睡觉前吃。

汤 乌鱼通草汤

原料:乌鱼1条,通草3克,葱段、盐、黄酒各适量。

做法:将乌鱼去鳞及内脏,洗净,和通草、葱段、盐、黄酒、适量水共炖熟即可。

功效:通草味甘,能清热利湿,通经下乳;乌鱼能促进伤口愈合,此汤适于产后饮用。

这样吃更健康 也可在汤中加几颗红枣,有补血养颜的作用。

汤 猪蹄茭白汤

原料:猪蹄250克,茭白100克,姜片、料酒、葱段、盐各适量。

做法:①猪蹄刮洗干净,顺猪爪劈成两半,放入锅内,加水、料酒、姜片及葱段,大火煮沸,撇去浮沫,再改用小火炖至猪蹄酥烂。②茭白洗净,去皮切片,放入炖猪蹄的锅中,煮熟加盐调味即可。

功效:茭白对哺乳妈妈有通便、增加乳汁分泌的作用。

这样吃更健康 产后乳汁不足的妈妈喝猪蹄茭白汤非常有效,应少放盐,不放味精。

哺乳期美味汤粥

猪肚粥

原料：猪肚200克，粳米50克，面粉、葱花、盐各适量。

做法：①将猪肚用盐、面粉等反复揉搓，去掉异味，洗净，切成细丝，放入沸水锅烫一烫，捞出待用。②把粳米洗净与猪肚一起放入煮锅内，加适量水，煮沸后，转用小火煮至猪肚烂粥稠，加入盐调味，撒上葱花即成。

功效：哺乳妈妈常食此粥可增强食欲，补中益气，强身健体。

这样吃更健康：猪肚与山药、板栗煲成汤，也可补中益气。

黄芪橘皮粥

原料：黄芪30克，粳米50克，橘皮末3克。

做法：①将黄芪洗净，放入锅内，加适量水煎煮，去渣取汁。②锅中放入粳米、黄芪汁和适量水煮粥。③粥成后加橘皮末煮沸即可。

功效：黄芪味甘、性温，可以利尿排毒，有利于治疗哺乳妈妈产后身热。橘皮能理气健胃，此粥可以缓解哺乳妈妈的身体不适。

这样吃更健康：在粥煮沸后，也可加些红糖调味，红糖中钙和铁的含量都比白糖高，对哺乳妈妈好处多。

绿豆粥

原料：绿豆、粳米各50克。

做法：绿豆、粳米淘洗干净，加水煮粥，豆烂即可。

功效：绿豆不仅营养丰富，也有清热解毒、抗菌消炎之效，对哺乳妈妈发热有辅助治疗作用。

这样吃更健康：除了用绿豆煮粥之外，还可以将绿豆与黄豆以1：3的比例打成豆浆，尤其适合夏天饮用。

哺乳期营养菜品

菜 豌豆鸡丝

原料:鸡肉250克,豌豆100克,高汤、盐、水淀粉各适量。

做法:①将豌豆洗净,焯水沥干;鸡肉洗净,切丝备用。②油锅烧热,放入鸡肉丝炒至变色,放入豌豆继续翻炒,加入盐、高汤,用水淀粉勾芡即可。

功效:豌豆富含维生素B_1;鸡肉能够提供优质蛋白质。两者搭配,为哺乳妈妈提供丰富的营养。

> **这样吃更健康** 也可以用豌豆、鸡肉丁、玉米粒一同与熟米饭炒食,甜香适口,肉质软嫩。

菜 双菇炖鸡

原料:鸡胸肉250克,鸡蛋1个,黑木耳、金针菇、鲜香菇、盐、料酒、干淀粉各适量。

做法:①鸡胸肉切细长条,加盐、料酒、鸡蛋液、干淀粉拌匀,腌约20分钟。②金针菇去除根部,洗净;鲜香菇洗净,切片。③油锅烧热,放入鸡胸肉翻炒,再加入金针菇、香菇、黑木耳及所有调味料拌炒,待熟软后即可。

功效:这道菜对产后体虚、泌乳少的哺乳妈妈有很大帮助。

> **这样吃更健康** 双菇也可以与鸭肉炖汤,是秋季的一道滋补汤羹,很适合哺乳妈妈食用。

菜 木瓜烧带鱼

原料:带鱼350克,木瓜200克,葱段、姜片、醋、盐、酱油、料酒各适量。

做法:①将带鱼去鳞、内脏,洗净,切成3厘米长的段。②生木瓜洗净,削去瓜皮,除去瓜核,切成小块。③砂锅加入适量水及带鱼段、木瓜块、葱段、姜片、醋、盐、酱油、料酒,一同烧至带鱼熟透即可。

功效:木瓜中含有"木瓜蛋白酶",可以使带鱼的肉变得更加容易消化。此菜在为哺乳妈妈补充蛋白质的同时不容易导致体重过多增加。

> **这样吃更健康** 带鱼做成糖醋味,出锅时加点熟芝麻,口感更好。

哺乳期健康饮品

饮 山楂红糖饮

原料:山楂、红糖各30克。

做法:①将洗净的山楂切成薄片,晾干备用。②在锅里加入山楂、适量水,用大火将山楂煮至烂熟。③再加入红糖稍微煮一下,出锅后即可饮用。

功效:山楂不仅能够帮助新妈妈增进食欲,促进消化,还可以散瘀血,加之红糖可以补血益血。这份水果饮可以促进恶露不尽的新妈妈尽快化淤,排尽恶露。

这样吃更健康 胃酸过多、肠胃虚弱的妈妈不宜食用过多山楂。

饮 薏香豆浆

原料:薏米30克,豆浆300毫升。

做法:将薏米洗净蒸熟后加入豆浆打成汁,即可饮用。

功效:薏米可以消肿、行血,能促进哺乳妈妈体内的血液循环,缓解水肿、发胀;豆浆含有丰富的蛋白质,能增加新妈妈抵抗力和抗过敏能力。

这样吃更健康 哺乳妈妈不宜一次性大量吃薏米,否则容易导致宝宝腹泻。

汤 当归芍药汤

原料:当归、芍药各4克,红枣3颗。

做法:将当归、芍药、红枣洗净,将3碗水煮成1碗饮用。

功效:当归芍药汤可以促进血液循环,改善末梢供血,缓解哺乳妈妈的腰酸背痛、四肢疼痛。

这样吃更健康 红枣还可以与雪梨一同煮汤,滋阴润肺,适合秋冬季饮用。

第六章

孕产期常见不适调养

孕吐严重

饮食方案

吃些酸味食物

酸味食物能够刺激胃液分泌，促进胃肠蠕动，增加食欲，有利于食物的消化吸收，对孕妈妈早期恶心、呕吐的症状会有不同程度的改善。孕妈妈可适量吃西红柿、杨梅、石榴、樱桃、葡萄、橘子、苹果等新鲜带酸味的蔬果。

饮食忌油腻刺激

孕吐期间饮食应以富含营养、清淡可口、容易消化为原则，避免吃过于油腻、油炸、味道过重的食物，会造成孕妈妈恶心，加重孕吐。咖啡、浓茶这些刺激性的东西不仅对胎宝宝无益，还会导致胃肠道不适及神经兴奋。

选择喜欢的食物，少食多餐

孕吐期间，孕妈妈所吃的食物应简单多样化，尽可能照顾自己的饮食习惯和爱好，在口味上可以尽量选取自己想吃的东西，"少吃多餐，能吃就吃"是这个时期孕妈妈饮食的主要原则，以免出现消化不良。

照护提示

在床边放小零食

孕期呕吐的主要症状就是恶心、呕吐，尤其是在早上起床时，孕妈妈恶心的感觉会更严重。可以在床边准备一杯水、一片面包，或一小块水果、几粒花生米。

在手帕上滴果汁

孕期呕吐的孕妈妈闻到油烟味或者讨厌的味道时，都很容易加重恶心的感觉，以至于根本不能正常用餐、喝水。可以常

备一条干净手帕，滴几滴不会感到恶心的果汁（如柠檬），当闻到"难闻"的气味时可应急使用。

身心放松很重要

妊娠反应是生理反应，多数孕妈妈一两个月就会过去，因此要以"向前看"的心态度过这一阶段。孕妇进食后万一呕吐，不要精神紧张，可以做做深呼吸，或听听音乐、室外散步等，使身心得到良好的放松，然后再进食。

医师叮咛
尽量避免空腹

孕妈妈要尽可能地避免空腹，尽量进食，少食多餐，可以选择一些营养价值高的零食，如核桃、松子等作为正餐之间少量的加餐。

在食物选择方面，要以适应为主，不要片面追求营养价值，最好多吃素食和清淡易消化的食物。可以根据食欲状况进餐，不必过于介意营养平衡问题，能吃多少，就吃多少，能吃什么，就吃什么。

推荐食谱

饮 鲜柠檬汁

原料: 鲜柠檬1个, 白糖适量。

做法: 鲜柠檬洗净去皮, 去核, 切小块, 放入榨汁机中, 加适量水, 榨汁, 饮用前可根据个人口味, 加少许白糖调味。

功效: 柠檬有开胃、止吐的功效, 孕妈妈饮用鲜柠檬汁可以防治孕吐。

这样吃更健康　新鲜柠檬切成片用来泡水, 也有很好的安胎止吐作用。

粥 红枣生姜粥

原料: 生姜3片, 红枣7颗, 粳米100克。

做法: ①将粳米淘洗干净; 红枣洗净泡发; 生姜片洗净切碎。②生姜碎与红枣、粳米同入锅中, 用大火煮开, 再转小火熬成粥。

功效: 生姜中所含的高效抗吐成分可以显著缓解孕吐。

这样吃更健康　也可将生姜切片, 与红枣一起熬汤。不宜在晚间大量食用生姜。

菜 陈皮卤牛肉

原料: 牛瘦肉150克, 陈皮2片, 葱、姜片、白糖、酱油各适量。

做法: ①陈皮用水泡软; 葱洗净切段; 牛瘦肉洗净切薄片, 加酱油拌匀, 腌10分钟。②锅中放油, 把腌好的牛瘦肉一片片放到锅里, 稍微炸一下。③把陈皮、葱、姜片煸香, 然后加入酱油、白糖、水和牛肉, 炖至卤汁变浓即可。

功效: 牛肉可减轻怀孕早期的呕吐及精神疲劳等不适。

这样吃更健康　也可以单独做酱牛肉, 切片后装盘, 搭配各种蔬菜一起吃, 能使孕妈妈摄取的营养更丰富。

孕期便秘

饮食方案

多吃粗粮和蔬菜

粗粮中都含有大量膳食纤维，如荞麦、高粱、玉米等，孕妈妈可以在煮饭时适当添加一些粗粮进去，既有丰富的营养，又能起到防治便秘的作用。此外，蔬菜中也含有丰富的膳食纤维，比如大白菜、南瓜等，都有利于排便。

每天 2000 毫升的饮水量

便秘的孕妈妈要保证每日的饮水量。早晨起床之后先喝1杯白开水，自然而然会感到便意，效果很好；白天也要注意补充水分，每天应补充2000毫升左右的水，每隔2个小时就应该喝1杯水。

少吃刺激性、热性的食物

一般来说，刺激性、热性的食物会导致大便干燥，加重便秘。中医认为，正在便秘期间的孕妈妈，不宜进食菠萝、柿子、桂圆、橘子等热性水果。

照护提示

每日定时排便 1 次

每日定时排便1次，形成条件反射，有利于顺利排便。有条件者使用坐式马桶，可以减轻下腹部血液的淤滞和痔疮的形成。每天早晨起床后最好立即排便，一旦有便意要及时如厕。

每天到户外散步半小时

孕妈妈适当进行一些运动，可以促进血液循环，缩短食物通过肠道的时间，并能增加排便量，减轻便秘。身体健康的孕妈妈每天可去户外散步半小时左右，最好在家附近环境不错的花园里，避免去人流量大的商场等地。

警惕便秘转腹泻

若是孕妈妈便秘超过3周，那就应及早就医。尤其当发现自己的解便习惯改变，比如经常便秘改变成经常腹泻，或经常腹泻转变成经常便秘时，需要立即就医，寻求腹泻或便秘原因。

 医师叮咛
用药要警惕

孕妈妈使用药物的目的是润肠，如果产品说明书上已经写明了孕妇禁用，就绝对不能用。所有药品一定要在使用之前咨询医生，千万不可擅自服药。

有些中药也可能含有导致流产和早产的成分，比如大黄，所以使用前应该征求医生的意见。最好是通过饮食和适量运动来改善便秘，这样更为安全有益。

推荐食谱

菜 豌豆松仁玉米

原料: 松仁50克,玉米粒200克,豌豆、胡萝卜各20克,洋葱丁、盐、水淀粉、香油各适量。

做法: ①松仁用水洗净,炸至金黄,备用;胡萝卜洗净切成颗粒。②油锅烧热,放入玉米粒,翻炒一下,再加入松仁、豌豆、胡萝卜粒、洋葱丁炒熟。③加入盐调味,水淀粉勾芡,淋香油装盘即可。

功效: 玉米与松仁同炒,可促进排便,防止便秘。

这样吃更健康 把玉米打磨成粉,然后做成饼或馒头,就成了一道营养丰富的主食。

菜 核桃仁拌芹菜

原料: 芹菜100克,核桃仁、盐、香油各适量。

做法: ①芹菜择洗干净,切段,用开水焯一下。②焯后的芹菜用凉水冲一下,沥干水分,放入盘中,加盐、香油。③将核桃仁用热水浸泡后,去掉表皮,再用开水泡5分钟,放在芹菜上,吃时拌匀即可。

功效: 芹菜含有丰富的维生素C、铁及膳食纤维,有利于预防和缓解孕期便秘和妊娠高血压。

这样吃更健康 芹菜是做凉拌菜的上好食材,将芹菜焯烫后,也可与木耳、腐竹、银耳等做凉拌菜,清淡爽口。

粥 红薯山楂绿豆粥

原料: 红薯100克,山楂10克,绿豆粉20克,粳米30克,白糖适量。

做法: ①红薯去皮洗净,切成小块;山楂洗净,去籽切末。②粳米洗净后放入锅中,加适量水用大火煮沸。③加入红薯块煮沸,改用小火煮至粥将成,加入山楂末、绿豆粉煮沸,煮至粥熟透加白糖即可。

功效: 红薯富含膳食纤维,可促进胃肠蠕动,防止便秘。

这样吃更健康 胃酸过多、肠胃虚弱的孕妈妈不宜食用过多山楂。

孕期胃胀气

饮食方案

金橘、杨梅助消化

多吃一些含维生素B_1的食物可以帮助消食化滞，减轻胃胀气。比如糙米、牛奶、鱼、动物肝脏等。金橘具有理气、解郁、除胀的功效，可以用金橘煎汤或泡茶。杨梅也可以和胃消食，盐腌过的最好，作为零食可以消烦化滞。

白萝卜消胀气效果好

孕妈妈出现胃胀气时，可以将白萝卜切薄片，放适量花椒、盐，加米醋浸泡4小时，盛盘，淋上香油，做成一盘米醋萝卜食用。也可将白萝卜切成细丝，撒上白糖、葱丝、姜丝拌匀，再浇上酱油、香油、醋拌匀，做成糖拌萝卜丝。

避免淀粉类、豆类食物

孕妈妈感到胀气严重时，要避免吃淀粉类、面食、豆类这些易产气而且容易使肠胃不适的食物。最好选择半固体、易消化食物，如奶酪等，少食多餐，以1天6~8餐的方式进食。注意吃饭时要细嚼慢咽，不要喝太多水。

照护提示

饭后1小时按摩腹部

饭后1小时，可进行一些小按摩，帮助肠胃蠕动。坐在有扶手的椅子或沙发上，呈45°半卧姿，从右上腹部开始，顺时针方向移动到左上腹部，再往左下腹部按摩，切记不能按摩子宫部位。

胀气加重需及时就医

如果只是单纯胃胀气，孕妈妈不必过于紧张，这是孕期的常见现象，可继续观察情况。但如果还感到腹痛或腹部痉挛，或伴有便血、腹泻、便秘，或恶心呕吐，就要抓紧时间去看医生。

饭后散步半小时

吃完饭后若觉得胀气、不舒服，可以在饭后30分钟至1小时，到外面散步20~30分钟，适当活动活动，放松身心，转移注意力，对促进消化都有所帮助。出门前记得换上宽松、舒适的衣服，不要束缚自己的腰和肚子。

医师叮咛
用药需在医生指导下进行

在不合时宜的场合打嗝是令人非常尴尬的事，但对孕妈妈而言却是难免的。在怀孕中期以后，孕妈妈会发觉肚子发胀，易形成胃胀气。孕34~36周，胎宝宝逐渐下降，孕妈妈会有松了一口气的感觉。

治疗胃肠胀气的药物有：促动力剂如吗丁啉、消泡剂如聚二甲基硅油、吸附剂如药用炭片以及益生菌等。孕期胃肠胀气，一般不需要用药。或首先用益生菌类制剂，如果使用其他药物，应在医生指导下进行。

推荐食谱

菜 糖渍金橘

原料: 金橘6个,白糖适量。

做法: ①洗净金橘,放在不锈钢盆中,用勺背将金橘压扁去子,加入适量白糖腌制。②金橘浸透糖后,再以小火慢慢炖至汁液变浓即可。

功效: 糖渍金橘能理气、解郁、化痰、除胀,无论气滞型腹胀还是食滞型腹胀,都可以食用金橘来缓解。

这样吃更健康 金橘不能多吃,否则易上火。有妊娠糖尿病的孕妈妈要忌食。

菜 大丰收

原料: 白萝卜1/2根,生菜1/2棵,黄瓜1/2根,莴笋1/2根,圣女果5个,甜面酱、白糖、香油各适量。

做法: ①白萝卜、莴笋去皮,切条,入沸水焯后捞出;黄瓜洗净,切成条;生菜洗净,撕成片。②将这些蔬菜和圣女果码在一个大盘子里。③甜面酱加适量白糖、香油,搅拌均匀,蔬菜蘸甜面酱食用即可。

功效: 调整胃肠功能,有效缓解孕妈妈的胃胀气。

这样吃更健康 孕妈妈需要注意,白萝卜性寒,过量食用对身体有危害。

饮 杨梅果酱

原料: 杨梅50克,樱桃20克,冰糖适量。

做法: ①把新鲜杨梅浸泡在盐水里反复清洗,去核;樱桃去核取果肉。②把杨梅肉放进锅中,放适量冰糖,开小火慢慢熬,边熬边搅拌,熬至汤汁浓稠成酱状,放凉后加樱桃肉搅拌均匀即可。

功效: 杨梅和胃消食,消烦化滞,能帮助孕妈妈缓解胃胀气。

这样吃更健康 杨梅没有外皮,在吃之前一定要清洗干净,用淡盐水泡10分钟之后再吃。

妊娠贫血

饮食方案

动物血、瘦肉、肝脏等含铁丰富

孕前就要多吃瘦肉、家禽、动物肝脏及动物血等富含铁的食物。豆制品和蛋黄中含铁量也较多，但吸收率低于前者。主食多吃面食，面食较粳米含铁多，肠道吸收也比粳米好一些。

蛋白质和叶酸促进铁吸收

在补铁的同时，孕妈妈还要注意补充蛋白质，只有补充足量的蛋白质才能提高补铁的效果。此外，体内缺乏叶酸也会造成贫血，孕期注意进食富含叶酸的食物。在做菜时注意不要温度过高，也不宜烹调时间太久，防止叶酸流失。

水果、蔬菜要多吃

水果和蔬菜不仅能够补铁，所含的维生素C还可以促进铁在肠道的吸收和利用。因此，在吃富含铁的食物的同时，最好多吃一些维生素C含量丰富的新鲜水果和蔬菜，如西红柿、黄瓜、豌豆、猕猴桃等。

照护提示

尽量使用铁锅做菜

做菜时尽量使用铁锅、铁铲，这些炊具在烹制食物时会产生一些小碎铁屑溶解于食物中，形成可溶性铁盐，容易让肠道吸收，并弥补食物含铁不足，从而防止缺铁性贫血。但铁锅生锈一定要刷干净，否则对身体有害。

按时做产检

孕期贫血会造成胎宝宝营养供应不足，严重者可能会早产，引起胎宝宝宫内窘迫等，对孕妈妈本人的健康也有很大危害，大脑血供不足时很容易晕倒。所以孕妈妈至少要在妊娠的中期和后期检查2次血色素，以便采取相应措施。

对症治疗贫血

如果化验结果血色素在100克以上，可以通过食物解决贫血问题。如果血色素低于100克，则需要在食补的基础上增加药物，不过一定要在医生的指导下进行，勿摄取过量。

医师叮咛
钙铁同补效果差

一般来说，硫酸亚铁、碳酸亚铁、富马酸亚铁、葡萄糖酸亚铁等补铁剂容易被人体吸收，适合孕妈妈选择。在刚开始补铁的时候，若发现大便发黑，不必担心，这是正常的现象。因为钙会影响铁的吸收，所以，补铁的同时不要服用含钙高的食品（比如牛奶）或者药品。补铁的孕妈妈可以选择在两餐之间喝牛奶。

推荐食谱

主食 香酥鸽子

原料: 鸽子1只,姜丝、葱白、盐、料酒各适量。

做法: ①鸽子处理干净。②用盐揉搓鸽子表面,鸽子腹中加葱白、姜丝、料酒,上笼蒸烂,拣去姜丝、葱白。③油锅烧热,放入鸽子炸至表皮酥脆,捞出装盘即可。

功效: 鸽肉有滋阴益气、祛风解毒、补血养颜等功效,尤其适宜孕晚期贫血的孕妈妈食用。

 做这道菜时,还可以撒些黑芝麻,味道更香嫩。

汤 鸡肝枸杞子汤

原料: 鸡肝250克,青菜1棵,竹笋1根,枸杞子15粒,高汤、料酒、盐、姜片各适量。

做法: ①竹笋洗净、切丝;青菜洗净,焯水后捞起,切段;鸡肝洗净。②在高汤内加入姜片、枸杞子煮30分钟,再放鸡肝和笋丝同煮。③煮至鸡肝熟透,加适量盐和料酒,最后加入青菜段即可。

功效: 帮助孕妈妈防治贫血。

鸡肝也可以换成猪肝,补铁效果一样好。

菜 青椒炒鸭血

原料: 鸭血1块,青椒1个,蒜、料酒、酱油、盐各适量。

做法: ①鸭血和青椒洗净,切小块;蒜切片;鸭血在开水中焯一下去腥。②锅中倒入适量油,八成热后,倒入青椒和蒜,翻炒几下倒入鸭血,继续翻炒2分钟。③最后加入适量料酒、酱油、盐即可。

功效: 鸭血含铁量高,营养丰富,有补血、护肝、清除体内毒素、滋补养颜的功效。

 鸭血有很好的补血功效,也可做成鸭血粉丝汤。

腿抽筋

饮食方案

多吃海带、木耳、芝麻

夜里出现腿抽筋多是由于缺钙所致，所以饮食要多样化，每天喝300~500毫升牛奶或其他等量奶制品，多吃海带、木耳、芝麻等含钙丰富的食物。从怀孕第5个月起就要增加对钙的摄入量，每天总量为1000毫克左右。

豆类、奶类缓解抽筋

豆类及豆制品也含有丰富的钙。牛奶、羊奶、乳酪、酸奶等既能补钙，缓解腿抽筋现象，还有助于睡眠；小白菜、油菜、香菜、芹菜属于含钙量较高的蔬菜，也可以为孕妈妈提供一部分钙质。

奶汁烩生菜要常吃

孕妈妈腿抽筋时，可常吃奶汁烩生菜。把适量生菜切段，西蓝花切小块，炒锅放油烧热，倒入切好的菜翻炒，加盐调味，盛盘，西蓝花放中央。煮牛奶，加一些上汤，用水淀粉勾芡，熬成稠汁，浇在菜上即可。

照护提示

抓住大脚趾缓解抽筋

一旦发生腿抽筋现象，可以马上用手抓住抽筋一侧的大脚趾，再慢慢伸直脚背，然后努力伸腿，抽筋会马上缓解；或用双手使劲按摩小腿肚，也能见效。

泡脚和热敷可减少抽筋

睡前把生姜切片加水煮开，待温度降到脚可以承受时用来泡脚，不但能缓解疲劳，还能促进血液循环，帮助入睡。或者用湿热的毛巾热敷小腿，也可以使血管扩张，减少抽筋。泡脚或热敷后，也有助于睡眠。

频繁抽筋应及时就医

如果不是偶尔的腿抽筋，而是经常出现肌肉疼痛、腿部肿胀或触痛，应该去医院检查。这可能是出现了下肢静脉血栓的征兆，需要立即治疗。虽然血栓很罕见，但是怀孕期间发生的风险会稍高些。

医师叮咛
腿抽筋不一定表示缺钙

值得注意的是，孕妈妈决不能以小腿是否抽筋作为需要补钙的指标，因为个体差异，有些孕妈妈在体内钙缺乏时，并不会出现小腿抽筋的症状。

有些孕妈妈也可能是由于血运不畅、腿部肌肉疲劳、受凉或者睡姿不当而出现腿抽筋的症状。所以，孕期补钙可是一项因人而异的任务哦。

推荐食谱

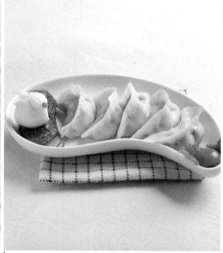

汤 黄豆莲藕排骨汤

原料:黄豆1小匙,排骨4块,莲藕1节,盐、酱油、料酒、高汤、醋、姜片各适量。

做法:①排骨洗净;莲藕去皮,洗净切片;黄豆洗净,泡2小时。②油锅烧热,倒入排骨段翻炒片刻,放入料酒、高汤、姜片、黄豆、盐、醋、酱油、藕片和适量水。③开锅后移入砂锅中,炖至肉骨分离即可。

功效:排骨含有钙质,对孕妈妈由于缺钙引起的腿抽筋有很好的改善作用。

这样吃更健康 排骨尽量选瘦肉多的。

菜 三鲜水饺

原料:猪肉100克,海参1个,虾仁50克,水发木耳30克,饺子皮20个,葱末、姜末、香油、酱油、料酒、盐各适量。

做法:①猪肉洗净,剁成碎末,加适量水,搅打至黏稠,再加洗净切碎的海参、虾仁、木耳,然后放入酱油、料酒、盐、葱末、姜末和香油,拌匀成馅。②饺子皮包上馅料,下锅煮熟即可。

功效:饺子馅含钙多,常食有利于防治孕妈妈小腿抽筋。

这样吃更健康 猪肉末与白菜、芹菜等调成饺子馅,荤素搭配,营养更均衡。

菜 芹菜牛肉丝

原料:牛肉150克,芹菜2棵,料酒、酱油、水淀粉、白糖、盐、葱丝、姜片各适量。

做法:①牛肉洗净,切丝,加料酒、酱油、水淀粉腌制1小时左右;芹菜择叶,去根,洗净,切段。②热锅放油,下姜片和葱丝煸香,然后加入腌制好的牛肉和芹菜段翻炒,可适当加一点水。③最后放入适量盐和白糖,出锅即可。

功效:牛肉与芹菜搭配,能强筋壮骨,改善孕妈妈腿脚易抽筋现象。

这样吃更健康 芹菜与牛肉做馅,做成灌汤水饺,咬一口汁多馅香,非常好吃。

感冒

饮食方案

以易消化的流食为主

感冒期间，孕妈妈抵抗力较差，身体需要休息，进食应以易消化的食物为主，如菜汤、稀粥、蛋汤、蛋羹、牛奶等，以免身体耗费过多。同时，以清淡、爽口为宜，既满足营养的需要，又能增进食欲，可选择米粥、小米粥等。

不宜强迫进食及滋补

有人说感冒时多吃补品，可以增强抵抗力，其实这是不对的。首先，感冒初期通常胃口不佳，休息的需求大于进食，不宜强迫自己进食，另外，已经发生了感冒再吃滋补食物并无治疗作用，反而可能会增加胃肠道的消化负担。

保证水分供给

孕妈妈要均衡营养，增强体质，平时应多饮水，多排尿，及时排除体内毒素。也可喝点果汁，以促进胃液分泌，增进食欲。同时还要适当多吃维生素含量丰富的蔬果，并适当选用含蛋白质的食物，以增强机体免疫力。

照护提示

轻度感冒多休息

如果仅有喷嚏、流涕及轻度咳嗽等症状，可不用药，只要多注意休息，多喝开水，注意保暖，感冒基本可以不治而愈。

感冒较重要降温

感冒伴有高热的话，除一般处理外，还应尽快控制体温。孕妈妈可用物理降温法，如在额、颈部放置冰块、湿毛巾冷敷，用30%~35%酒精擦拭颈部及腋窝。

如果感冒并发细菌感染，可能需要用抗生素治疗，需要及时就医诊断。

感冒用药区别对待

一般来说，孕早期是胚胎形成的关键时期，要禁用一切药物。孕中期要慎用药，链霉素、卡那霉素等对听觉、神经有损害的药物最好不用。孕晚期，药物一般对妈妈宝宝没有太大影响，可在医生指导下按常规方法治疗。

医师叮咛
了解感冒病因很重要

感冒是孕期很可能会遇到的常见病，引发感冒的原因可能是病毒，也可能是受寒、受热等。如果是非病毒引起的一般感冒，症状较轻，只是流鼻涕、打喷嚏，一般对胎宝宝不会有影响，孕妈妈也不用服药，休息几天就会好转，但如果是病毒感染引起的感冒，孕妈妈就需要及时就医，在医生的指导下用药治疗。

推荐食谱

（汤） 生姜葱白红糖汤

原料:葱白带根须、生姜各25克，红糖适量。

做法:①将带根须的葱白洗净；生姜洗净，切成大片。②将葱白和生姜片放入锅内，加一碗水煎开。③放适量红糖，趁热服下。

功效:此汤可驱寒、散热，帮助患感冒的孕妈妈和新妈妈发汗，让鼻塞情况有所好转。

这样吃更健康 生姜切片，与红枣一起熬汤，有促进血液循环的作用。

（汤） 糙米橘皮柿饼汤

原料:糙米50克，橘子皮10克，柿饼30克，姜丝10克。

做法:①将铁锅烧热，放入糙米迅速翻炒片刻后，改成小火继续炒熟，要避免将糙米炒黑。②换成砂锅，将炒熟的糙米、橘子皮、姜丝、柿饼一同放入，加水，大火煮沸后即可。

功效:此汤可去痰、止咳，所用材料都是普通食材，对于孕妈妈来说是安全和放心的。

这样吃更健康 用橘子皮卤牛肉还可以缓解孕吐症状。

（饮） 莲藕橙汁

原料:莲藕100克，橙子60克。

做法:①莲藕洗净后削皮，切小块；橙子切成4等份，去皮后剥成瓣，去籽。②将莲藕、橙子和适量纯净水放入榨汁机榨汁即可。

功效:莲藕橙汁中含有丰富的维生素、矿物质和膳食纤维，尤其是维生素C的含量特别高，可以预防孕妈妈和新妈妈感冒。

这样吃更健康 莲藕也可做成糖醋的，其富含的铁元素，有助于孕妈妈补益气血。

妊娠水肿

饮食方案

保证营养均衡

营养不足会引发妊娠水肿。孕妈妈每天一定要保证摄入鱼、肉、蛋、奶等动物类及豆类食物，补充优质蛋白质。孕妈妈每天还要进食足量的蔬菜水果，补充人体必需的多种维生素和微量元素，加强新陈代谢，解毒利尿。

不吃烟熏和腌制食物

牛肉干、猪肉脯、鱿鱼丝等烟熏类食物中含有过多的盐分和其他不利于孕妈妈健康的成分，孕妈妈要尽量少吃。不吃泡菜、咸蛋、咸菜、咸鱼等腌制食物。如果水肿严重的话，可以多吃些利尿消肿的食物，如红豆汤等。

食用低盐餐

怀孕后，孕妈妈身体调节盐分、水分的机能下降，因此在日常生活中，孕妈妈要尽量控制盐分的摄取，每日摄取量在6克以下。但也不宜忌盐，盐分不足易导致孕妈妈食欲不振等低钠的症状，严重时会影响胎宝宝发育。

照护提示

注意静养和保暖

人在静养时心脏、肝脏、肾脏等负担会减少，水肿自然会减轻或消失。为了消除水肿，还必须保证血液循环畅通、气息顺畅。为了做到这两点，除了安心静养外，还要注意保暖。

不宜选择紧身的衣服

穿着紧身的衣服会导致孕妈妈的血液循环不畅，从而引发身体水肿，孕妈妈应尽量避免。建议孕妈妈穿上弹性袜，秋冬时节还能起到保暖的作用。

放松双腿

孕妈妈要避免久坐久站，每0.5~1个小时就起来走动走动，建议孕妈妈可以经常把双腿、双脚抬高或放平15~20分钟，可以起到加速血液回流、减轻静脉内压的双重作用，不仅能缓解孕期水肿，还可以预防下肢静脉曲张等疾病的发生。

 医师叮咛
谨防妊娠高血压综合征

孕期一定程度的水肿是正常现象，不必特殊治疗。如果早上醒来后水肿明显，整天都不见消退，或是发现脸部和眼睛周围都肿了，手部也肿得很厉害，或者脚和踝部突然严重肿胀，一条腿明显比另一条腿水肿得厉害，最好及早去看医生，因为这可能是妊娠水肿或轻度妊娠高血压综合征的表现。

推荐食谱

粳 粳米绿豆猪肝粥

原料: 粳米100克, 绿豆20克, 猪肝半个, 葱花适量。

做法: ①将粳米、绿豆淘净; 猪肝洗净、切碎; 绿豆提前泡4~6个小时。②锅内加适量水, 放入粳米和绿豆, 煮至快熟烂时, 加入猪肝碎, 待猪肝熟透后, 撒上葱花即可。

功效: 绿豆性味甘寒, 有清热解毒、消暑止渴、利水消肿之功效, 是孕妈妈补锌及防治妊娠水肿的食疗佳品。

这样吃更健康 绿豆还可以用黄豆代替, 黄豆猪肝粥能使孕妈妈的皮肤更细嫩。

菜 鱼头冬瓜汤

原料: 鲜鲤鱼头1个, 冬瓜半个。

做法: ①将鲜鲤鱼头洗净去鳞, 冬瓜洗净, 去皮切成薄片。②将鲜鲤鱼头和冬瓜一起放入陶瓷罐里加3小碗水, 待鲤鱼熟透后即可吃鱼头、冬瓜, 喝汤。不宜加盐。

功效: 此汤有补脾益胃、利水消肿的作用, 怀孕晚期的孕妈妈最适宜食用。

这样吃更健康 肝肾功能不良的孕妈妈, 可以在熬汤时加几粒枸杞子。

饮 红豆双皮奶

原料: 鲜牛奶150克, 蛋清1个, 红豆、白糖各适量。

做法: ①蛋清入大碗; 牛奶倒入小碗, 隔水蒸至微开后取出放凉; 红豆洗净, 煮熟。②待牛奶表层奶皮掀起一角, 奶液倒入大碗。③大碗中加白糖搅匀, 再倒回小碗, 使小碗内的奶皮浮起。④小碗封上保鲜膜, 隔水蒸10分钟后焖5分钟取出, 冷却后撒上红豆。

功效: 作为早餐食用, 补钙补铁又利尿。

这样吃更健康 红豆最好提前浸泡几个小时再入锅煮, 更易熟烂。

妊娠糖尿病

饮食方案

每天喝 2 杯牛奶

患妊娠糖尿病的孕妈妈需要控制碳水化合物的摄入量。更需要保证优质蛋白质的摄入。建议此类孕妈妈每天保证2杯牛奶（350~500毫升）。既提供了优质蛋白，也提供了足够的钙质，还可以让控制饮食的孕妈妈不至于太饿。

适量多吃水果和蔬菜

蔬果中所含的膳食纤维具有良好的降低血糖的作用，水果中的果胶还能够延缓葡萄糖吸收，使饭后血糖及血清胰岛素水平下降。维生素在糖代谢中起重要作用，因此还要注意摄取富含维生素的食物。

清淡饮食、少量多餐

烹调用油以植物油为主，少吃油炸、油煎、油酥及肉皮、肥肉等食物，适量吃些干果类食物，以替代减少的动物性油脂的摄入。避免食用糖分高的食物。孕妈妈要多吃清淡的饮食，规律进餐，少量多餐。

照护提示

规律作息，保证充足睡眠

孕妈妈要保证规律的作息。每天的吃饭时间、进食量及进餐次数、工作和学习的时间、工作量都应该大体相同，保证充足的睡眠。

每天到户外散步，呼吸新鲜空气

适度运动可以增加孕妈妈身体对胰岛素的敏感性，促进葡萄糖利用，降低游离的脂肪酸。

在孕早期和中期，只要身体和天气允许，孕妈妈可以每天到户外散步，呼吸新鲜空气。

定期检查，及时调整饮食习惯

当出现头晕、恶心及心慌时，要区别是低血糖还是高血糖，此时用尿糖试纸检查尿液，便可大致了解。孕妈妈应该经常到医院进行血糖监测和孕期常规检查，适时调整饮食和生活习惯。

 医师叮咛
及时进行葡萄糖耐量检测

孕妈妈应在孕24~28周进行葡萄糖耐量检测，以便早期发现妊娠糖尿病，及时开始治疗。超过35岁、肥胖、有糖尿病家族史、有不良孕产史的孕妈妈要更早进行葡萄糖耐量检测，以便于及早确诊，及早进行营养干预。适用于妊娠糖尿病的门冬胰岛素属于大分子蛋白，不能通过胎盘，不会给胎宝宝造成影响。

推荐食谱

菜 苦瓜炒牛肉

原料:苦瓜1根,牛肉100克,酱油、豆豉、盐各适量。

做法:①苦瓜洗净,纵向对半剖开,去籽,切菱形片;牛肉切片。②油锅烧热后放入牛肉翻炒,至牛肉完全变色,加入酱油、豆豉翻炒一下,将苦瓜放入锅中,翻炒3~5分钟,放入盐调味即可。

功效:苦瓜有很好的降糖作用,同时富含维生素,非常适合患妊娠糖尿病的孕妈妈食用。

 脾胃虚寒的孕妈妈不宜多吃苦瓜。

菜 香干炒芹菜

原料:芹菜2棵,豆腐干1块,葱丝、姜片、盐各适量。

做法:①将芹菜去叶、洗净,在开水中略焯一下,切段;豆腐干洗净,切条。②油锅烧热,放入葱丝、姜片煸香,再加入豆腐干煸炒,最后放芹菜、盐,翻炒2~3分钟即可。

功效:芹菜富含膳食纤维,豆腐干含蛋白质较高、脂肪较低且多为不饱和脂肪酸,适合孕期血糖高的孕妈妈食用。

这样吃更健康 吃芹菜时宜细嚼慢咽。

粥 五谷瘦肉粥

原料:香菇2朵,猪瘦肉50克,虾皮、小米、高粱米、糯米、紫米、糙米各适量。

做法:①香菇、猪瘦肉洗净切丝。②油锅烧热,放入香菇、虾皮爆炒,再放入猪肉丝,翻炒后盛出。③将五种米洗净,浸泡,加水煮至七成熟时,放入炒好的猪肉丝、香菇、虾皮,同煮至熟即可。

功效:此粥既降血糖又补充营养。

这样吃更健康 也可以用玉米、小麦、黄豆、小米等五谷杂粮打磨成面,用来制作主食,来代替部分精米精面。

妊娠纹

饮食方案

每天喝 2 杯脱脂牛奶

每天早晚各喝1杯脱脂牛奶，可以增加细胞膜的通透性和皮肤的新陈代谢功能，保持皮肤的弹性。均衡摄取营养，保持正常的体重增加，少吃油炸、高糖的食品，多吃膳食纤维丰富的蔬果和富含维生素C的食物。

西红柿对抗妊娠纹"火力"最强

多摄入富含维生素C的西红柿、柠檬、猕猴桃、土豆、菜花等，有助于减轻色素沉着，而对抗妊娠纹"火力"最强的，就数西红柿。除了丰富的维生素，它含有的番茄红素的抗氧化能力也非常显著。

这些营养素都有助于对抗妊娠纹

胶原蛋白丰富的食物，如猪蹄、猪皮等可以增加皮肤弹性；富含维生素E的食物，如松子仁、葵花子油等；富含维生素A和维生素B_2的食物，如动物肝脏、牛奶等都有助于对抗妊娠纹。

照护提示

洗澡时水温不要太烫

孕妈妈要养成良好的作息时间，帮助身体建立规律的新陈代谢，有助于皮肤弹性的建立。洗澡时不要用太烫的水，水温过高也会破坏皮肤的弹性。孕晚期也可以使用专用的托腹带，既可减轻腹部的负担，也能预防妊娠纹的产生。

从孕初期开始涂抗妊娠纹乳液

从怀孕初期到产后3个月，每天早晚取适量抗妊娠纹乳液涂于腹部、髋部、大腿根部和乳房部位，并用手做圆形按摩帮助吸收，可减少妊娠纹的出现。即使产前没有妊娠纹的孕妈妈也要按摩，有些妊娠纹在减肥瘦身后反而会跑出来。

医师叮咛
饮食控制对减轻妊娠纹有益

妊娠纹的产生是由于皮肤中的弹力纤维与胶原纤维因受外力的牵拉发生不同程度的损伤或断裂所导致的。如果孕期能量摄入过高，孕妈妈自己体重增加过多或胎宝宝长得过大，都会使妊娠纹加重。所以建议孕妈妈保证孕期体重增加处于合理的范围，对于减轻妊娠纹有帮助。

推荐食谱

汤 炖猪蹄

原料:猪蹄半只,葱段、姜片、盐各适量。

做法:①猪蹄洗净切成小块,在开水锅内焯一下。②砂锅加水,放猪蹄、姜片、葱段,开锅后转小火,炖2小时,加盐出锅即可。

功效:猪蹄含有丰富的胶原蛋白,对于减轻妊娠纹有帮助。

猪蹄不宜在睡觉前吃。

菜 五香酿西红柿

原料:西红柿2个,猪瘦肉50克,虾仁2个,香菇2朵,洋葱1个,豌豆1小匙,香油、盐各适量。

做法:①猪瘦肉、虾仁、香菇、洋葱洗净,共剁成馅。②西红柿切去根部带蒂部分,开小口,挖出内瓤。③将内瓤、肉馅、豌豆、盐、香油拌匀后塞入西红柿内,用保鲜膜封口。④隔水蒸熟即可。

功效:此菜既预防妊娠纹又补充营养。

这样吃更健康 孕妈妈还可以用西红柿、苹果、梨等榨成蔬果汁作为早餐,可以补充一天所需的维生素。

菜 果香猕猴桃蛋羹

原料:猕猴桃3个,鸡蛋1个,杏仁5粒,白糖、水淀粉各适量。

做法:①猕猴桃去皮,1个切成小丁,2个用搅拌机打成泥;鸡蛋打散备用。②将猕猴桃丁和泥一起倒入小锅中,加入适量水和白糖,用小火边加热边搅拌,煮开后调入水淀粉,顺时针方向搅拌均匀,再将鸡蛋液打入。③食用前撒入几粒杏仁即可。

功效:猕猴桃能保持皮肤白皙,有效减轻孕妈妈妊娠纹。

这样吃更健康 猕猴桃丁还可以与芒果丁、葡萄干一同做成沙拉,就成了午后的营养加餐。

孕期失眠

饮食方案

睡前 2 小时喝蜂蜜牛奶

牛奶加点蜂蜜，有助于入睡，但要提前2小时喝。尿频严重时，上午多喝水，下午和晚上少喝水。虽然偶尔的睡眠不好不会影响到胎宝宝，但是长此以往，睡眠质量不高成为习惯，则会对孕妈妈和胎宝宝都极为不利。

菠菜可帮助安眠

菠菜富含的B族维生素可防止孕妈妈产生失眠、精神抑郁等常见的孕期并发症。菠菜还含有丰富的叶酸，叶酸的最大功能是保护胎宝宝免受神经系统畸形之害，但菠菜含草酸也多，忌过量食用。

晚餐可加黑芝麻、小米等

晚餐时，孕妈妈可适当吃些豆腐皮、黑芝麻、小米等富含色氨酸的食品，或在主食中加些小米。孕期失眠的孕妈妈必须避免食用咖啡、浓茶、油炸食品等。此外，色氨酸具有舒缓心情与助眠的作用。

照护提示

请准爸爸帮忙热敷和按摩

孕妈妈要注意足部保暖防抽筋，可以请准爸爸帮忙热敷和按摩，并创造灯光柔和、温度适宜的良好睡眠环境。临睡前洗一个热水澡，有一定的催眠作用。坚持散步，不仅可以放松心情，还能促进血液循环，产生疲劳感，晚上容易入睡。

左侧睡姿有助入睡

左侧卧位是孕妈妈的正确睡姿，这样会使孕妈妈能够安静入睡。随着怀孕时间变长，子宫不断增大，子宫不同程度地向右旋转，会使保护子宫的韧带和系膜处于紧张状态，容易使胎宝宝慢性缺氧。孕妈妈采取左侧睡姿，就可以减轻子宫的右旋转，缓解子宫供血不足，对胎宝宝生长发育和孕妈妈生产都是有利的。

 医师叮咛
每天睡足 8 小时

孕妈妈是特殊人群，睡眠对孕妈妈来说尤为重要。孕妈妈生活起居要有规律，保持良好的体能状态，每天最好睡足8小时。中午最好再睡一小会儿，半小时左右为宜。睡前适当地散步、喝杯热牛奶、泡个热水澡或用热水泡脚等，都有助于入眠。

推荐食谱

粥 胡萝卜小米粥

原料:胡萝卜100克,小米120克。

做法:①胡萝卜去皮洗净,切成丁;小米洗净。②将胡萝卜丁和小米一同放入锅内,加适量水,大火煮沸,转小火煮至胡萝卜绵软、小米开花即可。

功效:小米是色氨酸含量很高的食物,具有安神作用,产后妈妈食用能缓解失眠。

这样吃更健康　小米用小火熬煮至粥稠,关火前加点肉松,营养更丰富。

饮 芹菜茼蒿汁

原料:芹菜200克,茼蒿250克。

做法:①芹菜择洗干净,焯水约5分钟后,取出切碎。②将茼蒿择洗干净,切碎。③将芹菜碎和茼蒿碎加水榨汁,去渣留汁。

功效:新妈妈会时常失眠,这款芹菜茼蒿汁可以很好地缓解失眠症状,让新妈妈安然入眠。

这样吃更健康　茼蒿中含有特殊香味的挥发油,有助于消食开胃,增强孕妈妈的食欲。

粥 桂花板栗小米粥

原料:小米100克,板栗50克,糖桂花适量。

做法:①板栗洗净,加水煮熟,去壳压成泥;小米洗干净。②将小米放入锅中,加适量水,小火煮成粥,加入板栗泥,撒上糖桂花即可。

功效:板栗中含有蛋白质、B族维生素等多种营养成分,与小米一起煮粥营养价值更高,补肾益气,安神宁心,可辅助治疗产后失眠。

这样吃更健康　板栗还可以做成板栗糕,可为孕妈妈补充体力。

孕期静脉曲张

饮食方案

重点补充蛋白质

充足的蛋白质可以维持体内所有营养物质的平衡，增强抵抗力，还有助于血液的合成，促进血液循环。所以孕妈妈要多吃富含优质蛋白质的食物，如牛奶、鸡蛋、鸡肉、鱼等。豆浆等豆制品中也含有丰富的植物蛋白。

适量选用葵花子油

维生素E摄入不足也会诱发静脉曲张，所以孕妈妈要常吃富含维生素E的食物，如小米、玉米等全粒粮谷，菠菜、莴笋等绿色蔬菜以及蛋类、肉类等食物。每天2勺葵花子油，即可满足孕妈妈一天所需。

常吃鸡肉有帮助

鸡肉富含蛋白质、B族维生素、卵磷脂、不饱和脂肪酸，营养价值很高。鸡肉肉质细嫩，味道鲜美，有活血脉、健脾胃、强筋骨、温中益气、补虚填精的功效。孕妈妈常吃鸡肉，对预防和缓解静脉曲张也很有帮助。

照护提示

穿弹性袜

孕妈妈专用的弹性袜可以在药店或孕妇服装店买到。这种袜子在脚踝处是紧绷的，顺着腿部向上变得越来越宽松，逐级减轻腿部受到的压力，使得血液更容易向上回流入心脏。

避免长时间站着、坐着

预防静脉曲张，孕妈妈最好穿低跟鞋或平底鞋，不要穿过紧的鞋子、袜子、衣服。孕晚期尽量避免长时间站着、坐着或双腿交叉压迫。也不要提重物，以免加重对下肢的压力。

睡觉时垫高下肢

孕妈妈在睡觉时，应适当垫高下肢，以利于静脉回流；分娩时应防止外阴部曲张的静脉破裂。也不要让下肢处于温度较高的环境，比如火炉旁、水温较高的浴池等，因为高温会使血管扩张，加重静脉曲张。

 医师叮咛
出现静脉曲张要低盐饮食

孕妈妈出现静脉曲张症状时，就要实行低盐饮食原则，每日摄入的钠盐应该控制在3~5克。这是因为如果摄入的钠盐过多，会导致大量水分在组织里积存，进而导致小腿水肿，对血管造成压迫，加重静脉曲张的症状。

推荐食谱

菜 鸡脯扒青菜

原料:青菜200克，鸡脯肉100克，牛奶、盐、葱花、水淀粉、料酒各适量。

做法:①青菜洗净，切段，焯水，捞出过凉水；鸡脯肉洗净，切长片，放入沸水中汆烫，捞出。②油锅烧热，下葱花炝锅，加入盐，放入鸡脯肉和青菜，烹料酒，大火烧开，加牛奶，用水淀粉勾芡即成。

功效:鸡肉富含蛋白质，能促进血液循环。青菜有活血化瘀、散血消肿的功效。

这样吃更健康 鸡肉可以与蔬菜一起炒食，也可以用整只鸡来炖汤，食用时吃肉喝汤，可以增强体质。

菜 松子仁玉米

原料:鲜玉米粒1碗，胡萝卜半根，青椒块、松子仁、葱花、盐、白糖、水淀粉各适量。

做法:①胡萝卜洗净，切丁；松子仁洗净。②油锅烧热，放入葱花煸香，下胡萝卜丁翻炒，再下青椒块、鲜玉米粒翻炒至熟，加盐、白糖调味，加松子仁，用水淀粉勾芡即可。

功效:松子对缓解静脉曲张症状有所帮助，还有助于降低血脂和预防心血管疾病。

这样吃更健康 做菜时也可以加一些腰果，坚果的芳香能增加孕妈妈的食欲。

汤 虾仁冬瓜汤

原料:虾仁6只，冬瓜半个，蛋清2个，姜片、盐、白糖、香油、高汤各适量。

做法:①虾仁隔水蒸8分钟；冬瓜洗净，去皮，去瓤，切小块，与姜片及高汤同煲15分钟至烂。②放入虾仁，加盐、白糖、香油，淋入蛋清略煮即可。

功效:虾仁富含优质蛋白质，冬瓜含有抗氧化和防衰老的维生素C，能增强孕妈妈的抵抗力，是防治贫血的重要营养素。

这样吃更健康 虾仁与玉米粒、洋葱、腰果同炒，甜、香、脆、嫩完美结合，孕妈妈更爱吃。

产后出血

饮食方案

选择含铁丰富的食物

铁是构成血红蛋白的重要金属元素。一般人每日铁丢失很少，红细胞正常更新时其中的铁可重复利用。但当失血较多时，铁会随着血液排出体外，所以需要补充。含铁丰富的食物主要有红色瘦肉、动物肝脏、动物血等，且吸收率较好。

适当补充蛋白质

蛋白质是合成血红蛋白的重要原料。所以产后失血的新妈妈应注意每天摄入含优质蛋白的食物，如牛奶、蛋、肉类和豆腐等。最好每天保证有300~500毫升的牛奶，1~2个鸡蛋，3~4两鱼肉、虾或瘦肉。不吃肉的新妈妈可多选择牛奶、鸡蛋、豆浆、豆腐等。绝对素食的贫血妈妈可食用蛋白质粉。

其他生血食物

产后失血的新妈妈也可以从中医的角度来选择一些具有补气养血作用的食物，如阿胶、核桃、芝麻、枸杞子、红枣、红糖等。

照护提示

情况异常及时就医

胎盘分娩出来后，医生会进行仔细的检查，确保没有碎片留在子宫内。一般分娩后都有出血，如果新妈妈觉得出血异常严重，或者排出物中有巨大血块，就要马上通知医生。如果出血严重到属于大出血范围，就需要静脉输液甚至输血。

家人多陪伴多开导

产后出血对新妈妈身心伤害大，家人要多多陪伴和开导，饮食以清淡、易消化、富含营养为宜。用小米、糙米等五谷杂粮熬粥或制作豆浆、米糊时，加点红糖、红枣之类补血益气的食材，有助于产后出血的新妈妈恢复。

 医师叮咛
密切关注出血量

最重要的是不能粗心大意，不能单纯认为出血是产后的正常现象，对于产后出血的治疗应依病情而定。此外，还应保证充足睡眠，加强营养，给予高热量饮食，多食富含铁的食物。情况稳定后鼓励下床活动，活动量应逐渐增加。

推荐食谱

菜 猪肝炒油菜

原料:油菜50克,猪肝100克,盐适量。

做法:①猪肝洗净,切片,用盐腌制10分钟;油菜洗净切段,茎、叶分别放置。②油锅烧热,放入猪肝快炒后盛出。③锅中留少许底油,先放油菜茎,然后下油菜叶,炒至半熟时放入猪肝,加适量盐,大火炒匀即可。

功效:油菜和猪肝都是补铁、补血的佳品,对产后贫血的新妈妈有很好的食疗功效。

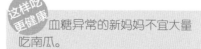
产后贫血的新妈妈每周可吃2次猪肝。

汤 三色补血汤

原料:南瓜50克,干银耳10克,莲子、红枣各5颗,红糖适量。

做法:①南瓜洗净,对半剖开后去子,去皮切成块。②莲子去心;红枣去核,洗净;干银耳泡发后,去蒂,撕小朵。③将南瓜块、莲子、红枣、泡发银耳和红糖一起放入砂煲中,再加入适量温水,大火烧开后转小火慢慢煲煮约30分钟,将南瓜煮至熟烂即可。

功效:此汤清热补血、养心安神,是产后新妈妈补血养颜的佳品。

血糖异常的新妈妈不宜大量吃南瓜。

菜 木耳炒鱿鱼

原料:鱿鱼100克,干黑木耳10克,胡萝卜30克,盐适量。

做法:①将干黑木耳浸泡,洗净,撕成小片;胡萝卜洗净、切丝。②鱿鱼洗净,在背上斜刀切花纹,用开水余一下,沥干水分,放适量盐腌制片刻。③油锅烧热,下胡萝卜丝、黑木耳、鱿鱼炒匀装盘即可。

功效:黑木耳与鱿鱼搭配食用,对新妈妈缺铁性贫血有很好的辅助治疗作用。

鱿鱼也可与青红椒同炒,鲜嫩清淡,吃起来很有韧性。

产后乳房胀痛

饮食方案

高蛋白、高脂肪食物要控制

　　产后，新妈妈不要无节制地进补高蛋白、高脂肪的食物，适当控制这些食物的摄入量，以免哺乳初期分泌过多的乳汁，而宝宝又吃不完，容易导致乳腺阻塞，出现奶胀现象，奶水囤积在乳房内，从而引发乳腺炎。

饮食清淡，多喝水

　　患乳腺炎的新妈妈适合吃清淡的食物，比如西红柿、青菜、丝瓜、黄瓜、菊花脑、茼蒿、鲜藕、荸荠、红豆汤、绿豆汤等，水果中宜食橘子、金橘饼等。此外，多喝水可以保证乳汁的畅通，也是缓解乳房疼痛的有效手段。

食疗小偏方

　　一般新妈妈产后2~4天乳房开始胀痛，除了在医生指导下正确按摩乳房之外，还可以试试食疗小偏方。传统医学认为，橘核有预防乳汁淤积的功效，把30克橘核用水煎服，可预防产后乳汁淤积，也可预防产后乳腺炎的发生。

照护提示

教会宝宝正确吸奶

　　在乳房胀奶前就教会宝宝正确含住乳房。在产后的头几天，新妈妈的乳房还是相当柔软，趁机教宝宝吸奶时把嘴张大，让宝宝的双唇和牙龈完全罩住乳晕，整张嘴要含住乳晕。不要让宝宝只吸乳头，不然新妈妈很快就会感到乳房疼痛。

按摩挤压乳房

　　缓解乳房胀痛的最好办法就是让宝宝频繁吸吮，如果宝宝实在吃不下，就要用吸奶器将母乳吸出来存在特定容器里。也可洗净双手，握住整个乳房，轻轻从乳房四周向乳头方向进行按摩挤压，如果某部位奶胀明显，可在局部用力挤压。

冷敷乳房

　　用清凉的毛巾或者用毛巾把冰块包裹起来进行冷敷，可以减轻肿痛，还能阻止细菌侵入引发炎症。冷敷不会让乳腺组织萎缩，不必担心因此而减少乳汁分泌量。给宝宝哺乳时，一定要排空双侧乳房。如果宝宝吸不完，应该及时挤出。

推荐食谱

菜 胡萝卜炒豌豆

原料:胡萝卜半根,豌豆半碗,姜片、醋、盐各适量。

做法:①胡萝卜洗净,切成与豌豆大小相近的丁;将胡萝卜丁和豌豆分别放入开水中焯1分钟,捞出。②锅中放油,烧至七成热,放入姜片煸香,然后放入焯过的胡萝卜丁、豌豆,爆炒至熟,最后调入醋和盐,翻炒均匀即可。

功效:豌豆可缓解新妈妈产后乳房胀痛,乳汁不下的症状。

这样吃更健康 胡萝卜炒豌豆在缓解乳房胀痛的同时,还能为新妈妈提供胡萝卜素及膳食纤维。

汤 丝瓜炖豆腐

原料:豆腐50克,丝瓜100克,高汤、盐、葱花、香油各适量。

做法:①将豆腐洗净,切块;丝瓜去皮,洗净,切滚刀块。②豆腐块用开水焯一下,冷水浸凉,捞出,沥干水分。③锅中放油烧热,下入丝瓜块煸炒至发软,加高汤、盐、葱花,烧开后放豆腐块,改小火炖10分钟,见豆腐鼓起时,转大火,淋上香油即可出锅食用。

功效:丝瓜可预防产后乳汁淤积,也可预防产后乳腺炎的发生。

这样吃更健康 豆腐与虾皮、紫菜一同煮汤,咸鲜味美,还有助消化的作用。

粥 桔梗红豆粥

原料:桔梗、皂角刺各10克,红豆20克,粳米50克。

做法:①桔梗、皂角刺、红豆、粳米分别洗净;红豆浸泡半天。②桔梗和皂角刺加适量水煮20分钟,去渣取汁。③将红豆和粳米煮成粥后,加入药汁拌服即可。

功效:产后乳房胀痛多因肝胃郁热、乳汁淤积所致,此粥具有清肝胃、解毒、通络、散结等功效,可缓解新妈妈乳房胀痛。

这样吃更健康 红豆吃太多容易胀气,与其他食材同食,每日不可超过2小碗。

恶露不尽

饮食方案

山楂可促恶露排尽

山楂不仅能够帮助新妈妈增进食欲、促进消化，还可以散瘀血，与红糖一起做茶饮有补血益血的功效，可以促进恶露不尽的新妈妈尽快化瘀，排尽恶露。但应根据个人体质把握用量，以免用量过度出现问题。

吃些阿胶

阿胶具有补血、止血的功效，可辅助治疗子宫出血，对产后阴血不足、血虚生热引起的恶露不尽有治疗作用。此外，红糖、生化汤等有助于排出恶露，但最好不要食用超过1周，否则会增加出血量，也会引起恶露不尽。

禁食辛辣、寒凉食物

产后恶露不尽的新妈妈不宜食用辛辣食物、酒类以及羊肉、狗肉等温热性食物，还要避免食用寒凉食物，以免刺激子宫，引发炎症，使子宫恢复不良，造成恶露不尽。新妈妈口味要清淡，同时也要注意补充营养。

照护提示

便后由前往后擦拭会阴

大小便后用温水冲洗会阴，水流不可太强或过于用力冲洗，否则容易损伤局部皮肤或黏膜。擦拭时由前往后擦拭或直接按压拭干，勿来回擦拭。手不要直接碰触会阴部位，以免感染。按照环形方向，多按摩腹部子宫位置，也可让恶露顺利排出。

使用卫生护垫，不宜用棉球

建议采用卫生护垫，不宜用棉球，刚开始约1小时更换一次，之后2~3小时更换即可。更换卫生护垫时，由前向后拿掉，以防细菌污染阴道。在做好护理工作的同时，孕妈妈一定要及时到医院检查并治疗，以免发生危险。

医师叮咛
恶露排出时间过短要警惕

恶露一般都会持续6周左右。如果恶露排出的时间过短，有可能是恶露的残留堵塞了子宫口，造成恶露已净的假象。这种情况有可能会因运动刺激而导致大量出血。因此，如果恶露在很短的时间内就消失，应该到医院去检查。如果血性恶露持续2周以上、量多或恶露持续时间长且呈脓性、有臭味，或者伴有大量出血等症状，应立即就医，以免发生危险。

推荐食谱

(汤) 益母草煮鸡蛋

原料:益母草30克,鸡蛋2个。

做法:①益母草洗净后加水煮半小时,滤去药渣。②在药汁里打入鸡蛋,煮熟即可食用。

功效:益母草可活血祛瘀,对血瘀型恶露不尽有帮助,哺乳期的新妈妈也可以适当食用,但不可多食。

这样吃更健康 产后失血过多的新妈妈也可加入枸杞子同食,补血养颜,预防贫血。

(菜) 阿胶鸡蛋羹

原料:鸡蛋2个,阿胶10克,盐适量。

做法:①鸡蛋磕入碗中,阿胶打碎。②把阿胶碎放入鸡蛋液中,加入盐和适量水,搅拌均匀。③将鸡蛋液上锅,用大火蒸熟即可食用。

功效:阿胶具有补血、止血的功效。阿胶鸡蛋羹既可养生又可止血,对产后血虚生热、阴血不足引起的恶露不尽有辅助治疗作用。

这样吃更健康 适宜于体质虚弱,脾胃气虚,贫血的新妈妈食用。肝、肾有炎症的新妈妈不宜多食。

(饮) 山楂红糖饮

原料:山楂4颗,红糖适量。

做法:①山楂洗净,切成薄片,晾干。②锅中加入适量水,放入山楂片,用大火将山楂煮至烂熟。③再加入红糖煮3分钟,出锅即可。

功效:山楂不仅能够帮助新妈妈增进食欲,促进消化,还可以散瘀血,加之红糖补血益血的功效,可以促进恶露不尽的新妈妈尽快化瘀,排尽恶露。

这样吃更健康 胃酸过多、肠胃虚弱的新妈妈不宜食用过多山楂。

产后抑郁

饮食方案

保证足够热量摄入

由于心情抑郁时，会出现不同程度上的食欲减退，甚至还会有厌食的现象，所以在饮食上，要从食物色香味上做文章，来刺激新妈妈胃口，增强食欲，保证足够热量的摄入，使脑细胞的正常生理活动获得足够能量。

别忽略维生素和矿物质

人的大脑需要维生素和矿物质将葡萄糖转化为能量，因此新妈妈要注意补充维生素和矿物质。每天至少食用5份80克的水果和蔬菜，尤其是绿色、多叶蔬菜。同时，镁、硒、锌等也都是抗抑郁必备的微量元素。

增加蛋白质的摄入

鱼虾、瘦肉中含有优质蛋白质，可为脑活动提供足够的兴奋性介质，提高脑的兴奋性，对抵抗抑郁症状是有所帮助的。豆类食物中富含人脑所需的优质蛋白和8种必需氨基酸，有助于增强脑血管的机能，应适当摄入。

照护提示

多和家人交流

积极寻求帮助，例如请丈夫帮助完成家务，或辅助夜间喂奶的工作，请家人帮助准备食物或者处理家务等。和他人分享你的感受，不要独自忍受低落的心情。

多带宝宝到户外活动

不要总是和宝宝待在屋里，带着宝宝到户外活动活动。在温暖的阳光中坐几分钟，深呼吸几次，也会有好处。挑一个好天气，出去拜访一个朋友，或者只是去公园走一走。

避免重大生活改变

在怀孕和分娩后1年内，不要做出任何重大生活改变，否则会造成不必要的心理压力，使生活更加难以应对。新生命的到来会占用你太多的时间和精力，不要强迫自己做所有的事。在不疲惫的前提下尽力而为，其他的就交给别人去做吧。

医师叮咛
男性也会"产后抑郁"

其实产后抑郁症已不再是女人的专利，也有一些性格脆弱、敏感的男性，在妻子生育前后，容易因生理和心理上适应不了角色的转化，以及无法承受来自生活和工作上的双重压力而产生严重的挫折感，甚至患上抑郁症。

推荐食谱

汤 百合捞莲子

原料:水发百合100克,莲子50克,水发黄花菜数根,冰糖适量。

做法:①将发好的百合和黄花菜用水洗净,莲子去皮、去心、洗净。②以上食材同放入大汤碗内,汤碗内放入适量水,上笼用大火蒸熟,放入冰糖再蒸片刻即成。

功效:此汤有清心除烦、安神宁志的功效,可用于减轻产后妈妈神情抑郁、不思饮食、多梦易惊。

> **这样吃更健康** 绿豆、莲子、红枣三者同煮粥,可以益气强身,适宜产后虚弱的新妈妈调理之用。

饮 香蕉哈密瓜沙拉

原料:哈密瓜200克,香蕉1根,老酸奶1杯。

做法:①香蕉去皮,取果肉待用。②哈密瓜去皮,果肉切成小块。③香蕉切成厚度合适的片状,与哈密瓜一起放在盘中。④把老酸奶倒入盘中,拌匀即可。

功效:香蕉中含钾、B族维生素、膳食纤维等营养成分,对产后抑郁有抑制作用。

> **这样吃更健康** 一次不要吃太多哈密瓜,否则容易引起腹泻等。

菜 猪肉苦瓜丝

原料:苦瓜300克,猪瘦肉150克,盐适量。

做法:①苦瓜洗净切丝,加水急火烧沸,弃苦味汤。②猪瘦肉切片,油煸后,入苦瓜丝同炒,加盐调味。

功效:这道菜有清泻肝火的功效,适用于缓解妈妈产后烦躁抑郁。

> **这样吃更健康** 脾胃虚寒的新妈妈不宜多吃苦瓜。

附录 新生儿日常护理

第1次做爸爸妈妈，喂奶、换尿布都会弄得你手足无措；宝宝哭闹时，更是紧张万分，不知道宝宝哪里不舒服了。没有经验的新爸爸新妈妈可以请教护理人士或有经验的长辈，是不是宝宝衣服穿多了热的，或者是眼睛有了眼屎等。像这些小问题，弄清楚原因，新手爸妈完全可以学会自己护理，不用每次都很紧张。

脐带的护理

一般情况下，宝宝的脐带会在1周左右自行脱落，2周左右自然愈合。这期间你需要做的是：

· 用婴儿专用棉签蘸75%的医用酒精，从内向外涂擦脐带根部和周围，每天涂擦两三次，待脐带干爽后，用纱布盖好。

· 在擦拭之前一定要先洗手，避免脐部接触爽身粉等各种粉剂，以免使脐部发炎不易愈合。

· 不要把脐带露在外面的一端包在尿布或纸尿裤里，防止大小便弄湿脐带。如果脐部被尿湿，必须立即消毒。脐带1周左右脱落后就不再需要纱布覆盖，但仍要保持局部干燥和清洁。

· 千万不要试图自己去除脐带。

· 要经常观察是否有感染的迹象，如果脐带流血、有异味或分泌物、周围红肿或脐带超过1个月未脱落或伤口未愈合，则需要马上去看医生。

眼睛的护理

小宝宝的眼睛很脆弱，也很稚嫩，在对待宝宝的眼睛问题上一定要谨慎。

· 如果宝宝刚睡醒，发现他的眼睛上有眼屎，可以用纱布蘸温水轻轻地擦拭。千万不要用手指或手指甲直接擦。

· 如果眼睑上有硬皮，或者眼睛的分泌物总是擦不净，则要怀疑是不是结膜炎，需要带宝宝去看医生。

· 在给宝宝滴眼药水的时候，要记得滴在宝宝内侧的眼角处。

· 记得每次给宝宝做完眼部清洁后，要及时洗手，以防病菌感染其他部位。

· 要给宝宝用单独的毛巾、洗脸盆等，并与家里其他人用的隔离开，还要定时清洗。

口腔的护理

新生儿的口腔黏膜又薄又嫩，不要试图去擦拭它。想要保护宝宝口腔的清洁，可以给他喂完奶后再喂些白开水。如果发现宝宝的口腔黏膜有白色奶样物，喝温水也冲不下去，而且用棉签轻轻擦拭也不易脱落，并有点充血的时候，则可能是念珠菌感染了，也就是鹅口疮。一般说来，健康的宝宝15~30天自己就会好。如果是因为使用抗生素不当造成口腔内菌群失调而发病的，这时就需要消毒宝宝的奶嘴和奶瓶，并需要请教医生了。

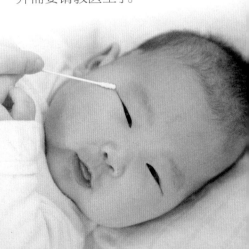

鼻腔的护理

如果鼻痂或鼻涕堵塞了宝宝的鼻孔，可用细棉签或小毛巾角蘸水后湿润鼻腔内干痂，再轻轻按压鼻根部。如果鼻子被过多的鼻涕堵塞，宝宝呼吸会变得很难受，这时可以用球形的吸鼻器把鼻涕清理干净。方法是：

·让宝宝仰卧，往他的鼻腔里滴1滴盐水溶液。

·把吸鼻器插入一个鼻孔，用食指按压住另一个鼻孔。把鼻涕吸出，然后再吸另一个鼻孔。动作一定要轻柔，以免伤害宝宝脆弱的鼻腔。

耳朵的护理

一定不要尝试给宝宝掏耳垢，因为容易伤到宝宝的耳膜，而且耳垢可以保护宝宝耳道免受细菌的侵害。洗澡时千万不要让水进到宝宝的耳朵里。如果要清洁耳朵，你可以：

·用棉签蘸些温水擦拭外耳道及外耳。

·将一块柔软的棉布在温水中浸湿，然后轻轻擦拭宝宝外耳的褶皱和隐蔽的部分。

·要注意耳背后的清洁，有时会发生湿疹及皲裂，可涂些食用植物油，如发生耳后湿疹可涂湿疹膏。

皮肤的护理

宝宝皮肤褶皱较多，积汗潮湿，夏季容易发生皮肤糜烂。给宝宝洗澡时，要注意褶皱处的清洗，擦干水的动作要轻柔。洗澡前的准备工作：

·在宝宝吃过奶1小时，确认宝宝没有大小便后，开始洗澡。如果是冬天，开足暖气，室温在26~28℃为宜；如果是夏天，关上空调或电风扇。

·洗澡水温37~42℃。清洗浴盆，先倒入冷水，再倒入热水，用水温计测水温，37~42℃即可。

·宝宝皮肤没有很多油脂，不要每天都使用浴液，以免皮肤过于干燥。洗澡后用具有保湿作用的护肤膏或油涂抹，最好使用天然橄榄油制品。

囟门的护理

新生儿的囟门是一个非常娇弱的地方，新手爸妈常常不敢随便碰。其实新生儿的囟门是需要定期清洗的，否则容易堆积污垢，引起宝宝头皮感染，继而导致病原菌穿透没有骨结构的囟门而发生脑膜炎、脑炎。清洁时一定要注意：

囟门的清洗可在洗澡时进行，可用宝宝专用洗发液，但不能用香皂，以免刺激头皮诱发湿疹或加重湿疹。清洗时手指应平置在囟门处轻轻地揉洗，不应强力按压或强力搔抓。如果囟门处有污垢不易洗掉，可以先用芝麻油润湿后浸泡2个小时，等到污垢变软后再用无菌棉球按照头发的生长方向擦拭。

图书在版编目（CIP）数据

协和孕产黄金食谱 / 李宁主编 . — 南京：江苏凤凰科学技术出版社，2016.07（2025.02重印）
（汉竹·亲亲乐读系列）
ISBN 978-7-5537-6432-0

Ⅰ.①协… Ⅱ.①李… Ⅲ.①孕妇－妇幼保健－食谱
②产妇－妇幼保健－食谱 Ⅳ.① TS972.164

中国版本图书馆 CIP 数据核字（2016）第 122037 号

中国健康生活图书实力品牌
版权归属凤凰汉竹，侵权必究

协和孕产黄金食谱

主　　　编	李　宁
编　　　著	汉　竹
责 任 编 辑	刘玉锋
特 邀 编 辑	陈　岑
责 任 校 对	仲　敏
责 任 设 计	蒋佳佳
责 任 监 制	刘文洋

出 版 发 行	江苏凤凰科学技术出版社
出版社地址	南京市湖南路 1 号 A 楼，邮编：210009
出版社网址	http://www.pspress.cn
印　　　刷	江苏凤凰新华印务集团有限公司

开　　　本	715 mm × 868 mm　1/12
印　　　张	21
字　　　数	400 000
版　　　次	2016 年 7 月第 1 版
印　　　次	2025 年 2 月第 37 次印刷

标 准 书 号	ISBN 978-7-5537-6432-0
定　　　价	39.80 元

图书如有印装质量问题，可向我社印务部调换。